火电工程

大型起重机布置及大件设备吊装

方案汇编

郭俊义 编

中国电力出版社
CHINA ELECTRIC POWER PRESS

内 容 提 要

火力发电工程大型起重机的选择、布置是施工策划及实施阶段需重点考虑的问题之一。大件设备吊装是火电施工过程中的重要环节，也是需要前期策划的关键技术问题。

本书共分四章，分别是大型起重机布置、锅炉钢架及顶板梁吊装方案、发电机定子吊装方案、辅助设备吊装就位方案。第 1 章介绍了 3 个 1000MW、1 个 660MW 机组工程的大型起重机布置，并对其中两个工程钢结构主厂房的吊装进行了介绍。第 2 ~ 4 章共介绍了 50 余个大件设备吊装方案。

本书可作为火电建设施工技术人员及管理人员的参考资料。

图书在版编目（CIP）数据

火电工程大型起重机布置及大件设备吊装方案汇编 /
郭俊义编 . -- 北京 ：中国电力出版社，2024. 10
　ISBN 978-7-5198-9322-4

Ⅰ. TM621；TH210.7

中国国家版本馆 CIP 数据核字第 2024V8N494 号

出版发行：	中国电力出版社
地　　址：	北京市东城区北京站西街 19 号（邮政编码 100005）
网　　址：	http://www.cepp.sgcc.com.cn
责任编辑：	畅　舒（010-63412312）
责任校对：	黄　蓓　王小鹏
装帧设计：	王英磊
责任印制：	吴　迪

印　　刷：	三河市万龙印装有限公司
版　　次：	2024 年 10 月第一版
印　　次：	2024 年 10 月北京第一次印刷
开　　本：	787 毫米 × 1092 毫米　16 开本
印　　张：	11
字　　数：	159 千字
印　　数：	0001—1000 册
定　　价：	65.00 元

前 言

大型起重机的选型、布置应根据机组类型、厂房布局、工程所处地域、机械吊装能力等综合考虑，首先应充分利用安装公司自有机械，然后考虑社会资源。大型起重机的选型、布置要满足工程的安全、环保、质量、进度要求，也要注重经济性。大型起重机布置一章选取了3个1000MW工程和1个660MW工程实例介绍了其主厂房区域大型起重机械的布置。4个工程中有2个工程主厂房采用了钢结构形式，书中对其钢结构的吊装也进行了简要介绍。

锅炉施工是火电施工的主线之一，钢架及顶板梁的吊装又是锅炉安装的重点之一。锅炉钢架及顶板梁吊装方案一章，选取了10余个工程案例介绍了锅炉安装大型起重机的选择、布置。由于锅炉钢架的吊装难度相对不大，所以书中重点介绍了顶板梁的吊装方案。塔式锅炉的主钢架如采用筒式框架结构，其主立柱、横梁、斜撑的吊装难度较大，起重机的选型、布置、吊装方案的设计要充分考虑这些因素。

发电机定子吊装方案类型较多，大致可分为起重门架+拖运滑道、高低腿龙门式起重机、桥式起重机+卷扬机滑轮组+抬吊扁担系统、桥式起重机+液压提升装置+抬吊扁担系统、桥式起重机小车+抬吊扁担系统、专用吊装架、其他手段等。发电机定子吊装方案一章，选取了20多个定子吊装方案，涵盖了上述方案类型。对于300MW以上容量的大型机组，应用较多的定子吊装方案为桥式起重机+吊装系统和专用吊装架。汽机房桥式起重机在招标采购时应要求其大梁的承载力满足吊装定子的要求。吊装定子的提升动力有：卷扬机+滑轮组、钢索液压提升装置、桥式起重机主钩，选取何种方式需根据工程的实际、安装公司自有机械情况而定。小容量机组的定子吊装方案则更为灵活，同时也很能体现方案设计者的灵感，本书中也选取了几个有代表性的案例进行了介绍。

辅助设备吊装就位方案一章介绍了除氧器、立式高压加热器、凝汽器内低压加热器、凝汽器、直流锅炉贮水罐吊装就位方案。凝汽器的组合安装多在基础上直接进行，但对于个别工程由于设备、建筑结构及工期等原因，采用基础外组合然后整体（主体部分）拖运、就位的方案。

本书作者长期从事电力工程技术及技术管理工作，亲自参与了25～1000MW等十多个火电工程的建设。在工作中及工作之余通过技术期刊、技术书籍、参观学习、网络等多种渠道收集、整理了火电施工有关起重吊装的大量技术方案，选择其中有特点、参考价值的汇集成册，供从事火电施工的同行参考。

由于篇幅原因，书中并未对与方案相关的结构及力学计算进行叙述。限于作者水平，书中疏漏之处在所难免，恳请广大读者批评指正。

编　者

2024 年 8 月

目 录
CONTENTS

第 3 章

发电机定子吊装方案

第 4 章

辅助设备吊装就位方案

第1章 大型起重机布置

大型起重机的选型、布置应根据厂房布局、机组类型、机械性能等综合考虑，具体如下：①根据自有机械资源的实际情况，以单件设备最大重量（锅炉顶板梁、发电机定子）和就位位置考虑吊装机械是否满足吊装要求；②锅炉吊装起重机的选配应综合考虑钢结构、顶板梁、储水罐、空气预热器及受热面组件等大件的尺寸、重量；③起重机覆盖范围、起升高度、基础型式、附着点对正式结构的作用力；④起重机间的相互配合和避让；⑤工程所在地的地质条件、气候特点，如滨海、沙地、高寒地带，机械性能应满足其特殊环境要求；⑥经济性。

第1节 河南某2×1000MW机组工程大型起重机布置

1.1 工程概况

工程于2008月3月开工，两台机组分别于2010年11月和12月投产。

1.1.1 厂区及主厂房布置

厂区总平面按4×1000MW规划，一期工程建设2×1000MW超超临界燃煤机组。电厂总平面采用四列式布置格局，由南向北依次布置500kV配电装置、冷却塔、主厂房、贮煤场及卸煤设施。

主厂房采用侧煤仓布置形式，汽轮发电机组纵向布置，除氧间设在汽机房A排外侧，与汽机房共同形成框排架结构体系。主厂房主体结构采用现浇钢筋混凝土结构。最后一段输煤栈桥位于1号锅炉前烟道支架上部。主变压器、厂用变压器、启动/备用变压器布置于A0排外。锅炉后部依次布置电除尘器、引风机、烟道、烟囱、脱硫设施等。

汽机房长度方向共有19挡，柱距为9m×4+10m×6+11m×9，两台机组之间变形缝处双柱插入距为1.8m。汽机房跨度为27.0m，除氧间跨度9.5m，长度为196.8m。煤仓间跨度为19.4m，纵向长度为81.0m。

锅炉露天布置，锅炉运转层标高为17.00m。锅炉前后柱距K0至K7排为74.8m，锅炉左右柱距G1至G7轴为70m。两炉纵向中心线间距为103.5m，锅炉前部K0排与汽机房B排间距为3.5m。锅炉最后一排柱K7至烟囱中心线距离68.7m。

1.1.2　三大主机

锅炉由东方锅炉（集团）股份有限公司生产，型号：DG3000/26.15-Ⅱ1型；型式：超超临界变压直流炉、单炉膛、一次中间再热、平衡通风、露天岛式布置、全钢构架、全悬吊结构、对冲燃烧Ⅱ型锅炉。

汽轮机由哈尔滨汽轮机厂生产，型式：超超临界、一次中间再热、单轴、四缸四排汽、凝汽式汽轮机。

发电机由哈尔滨电机厂有限公司生产，型号：QFSN-1000-2型。

1.2　主厂房区域大型起重机布置

主厂房区域大型起重机布置见图1-1。

1.2.1　主厂房土建施工大型起重机布置

在A0排外中部布置一台QTZ315/16t轨道式塔式起重机、固定端和扩建端各布置一台QTZ80/8t固定式塔式起重机，满足除氧间、汽机房土建施工垂直运输的需要。

在侧煤仓与2号锅炉之间布置一台C7022/16t轨道式塔式起重机，端部布置

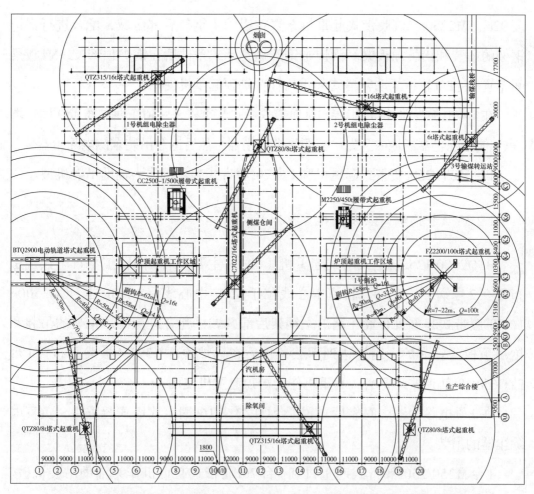

图1-1 河南某1000MW机组工程主厂房区域大型起重机平面布置图

一台QTZ80/8t固定式塔式起重机，满足侧煤仓土建施工垂直运输的需要。侧煤仓上部结构施工与2号锅炉钢架吊装相干涉。C7022/16t轨道式塔式起重机在1号锅炉钢架施工至第四节时（柱顶标高53.50m）退车至炉后方向，在2号锅炉钢架即将吊装第四节时拆除。

3号输煤转运站北侧布置一台6t固定式塔式起重机，负责转运站结构施工阶段垂直运输的需要，在转运站结构施工完成后、输煤栈桥式起重机装前拆除。

1.2.2 1号锅炉安装大型起重机布置

FZQ2200/100t附着式动臂塔式起重机布置在1号锅炉右侧（固定端），其纵向中心线距锅炉外侧柱轴线7.0m，横向中心线位于K3排柱后0.7m处，塔身高度92m。M2250/450t履带式起重机布置在锅炉主钢架后部区域，配合进行锅炉钢架的吊装和抬吊顶板梁。锅炉主钢架达到承载条件后在锅炉顶部K3-K4板梁间布置1台20t轨道式动臂塔式起重机作为炉顶起重机使用。

在1号电除尘器处布置一台16t轨道式塔式起重机，轨道东西向布置在固定端（东）侧电除尘器场地内。先吊装西侧电除尘器，然后退车吊装东侧电除尘器。

1台M250/250t履带式起重机和1台70t履带式起重机作为辅助吊装机械。

1.2.3　2号锅炉安装大型起重机布置

BTQ2900/125t轨道式塔式起重机（69.2m主臂，51m副臂）平行于汽机房布置在2号锅炉扩建端，轨道中心线位于K3排中心线后2.05m处。CC2500-1/500t履带式起重机布置在锅炉主钢架后部区域，配合进行锅炉钢架的吊装和抬吊顶板梁。锅炉主钢架达到承载条件后在锅炉顶部K3-K4板梁间布置1台FZQ660/40t轨道式动臂塔式起重机作为炉顶起重机使用。

在2号电除尘器中间靠后布置1台QTZ315/16t固定式塔式起重机，负责电除尘器的吊装。

1台M250/250t履带式起重机和1台70t履带式起重机作为辅助吊装机械。250t履带式起重机在2号锅炉钢架吊装前协助进行钢煤斗吊装。

1.3　大件设备吊装方案简述

在每台锅炉K1、K2、K3、K4、K5排柱顶共布置五件叠形连接的顶板梁，共10件。两台锅炉的每件顶板梁均采用双机抬吊的方式吊装就位。1号锅炉由FZQ2200/100t塔式起重机和M2250/450t履带式起重机抬吊完成，2号锅炉由BTQ2900/125t轨道式塔式起重机和CC2500-1/500t履带式起重机抬吊完成。

汽机房内设计安装有两台130/25t桥式起重机（大梁承载力为235t）。在桥式起重机大梁上布置4×200t液压提升装置一套，并使用470t定子抬吊装置将发电机定子（重430t）抬吊就位。

除氧器及单体主变压器1号机组使用M2250/450t履带式起重机、2号机组使用CC2500-1/500t履带式起重机主臂工况吊装卸车，然后直接就位。

第2节　上海某2×1000MW机组工程大型起重机布置

2.1　工程概况

工程于2007年12月开工，两台机组分别于2010年1月和4月投产。

2.1.1　主厂房布置

主厂房采用四列式布置，依次为汽机房、除氧间、煤仓间、锅炉。主厂房的扩建方向为左扩建（从汽机房向锅炉看）。集控楼位于两炉间，输煤栈桥设在固定端。主厂房采用钢结构。

主厂房柱距10m及11m，汽机房、除氧间纵向共设有21根轴线，总长202.4m，煤仓间纵向共设有22根轴线，总长218.4m。主厂房横向设A、B、C、D四排，汽机房跨度34m、除氧间跨度10m、煤仓间跨度13.5m、总跨度57.5m。A排中心线至烟囱中心228m。

2.1.2　三大主机

锅炉由上海锅炉厂有限责任公司生产，锅炉型式：超超临界变压运行直流炉、单炉膛、一次中间再热、四角切圆燃烧、平衡通风、固态排渣、全钢悬吊结构、塔式、露天布置燃煤锅炉。

汽轮机由上海汽轮机有限公司生产，汽轮机型式：超超临界、一次中间再热、单轴、四缸四排汽、凝汽式汽轮机。

发电机由上海汽轮发电机有限公司生产，发电机型式：水氢氢冷却、无刷励磁汽轮发电机。

2.2 主厂房基础施工阶段大型起重机布置

1、2号锅炉基础施工：在每台炉后各布置1台TC6010/8t固定式塔式起重机，臂长60m。2.5～13.2m工作半径时起重能力为8t，60m工作半径时起重能力为1.0t。锅炉基础施工完毕后拆除。

主厂房基础施工：在B排1轴线处布置1台QTZ-80G/8t固定式塔式起重机，臂长55m。塔式起重机底部直接安装在主厂房基础上。在A排9、19轴线处各布置1台TC6010/6t固定式塔式起重机，臂长55m。3台塔式起重机在基础施工完毕后拆除。

2.3 主厂房主体施工阶段大型起重机布置

主厂房主体施工阶段大型起重机布置见图1-2，主厂房区域施工场景见图1-3、图1-4。

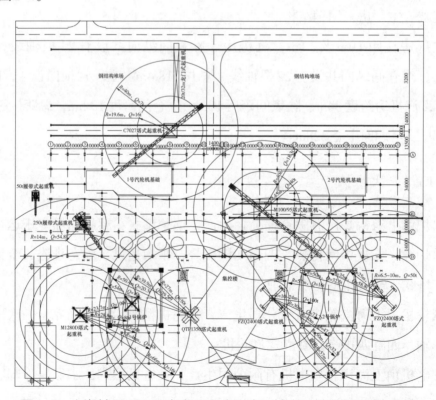

图1-2 上海某1000MW机组工程主厂房区域大型起重机平面布置图

图1-3　上海某1000MW机组工程主厂房区域施工场景一

图1-4　上海某1000MW机组工程主厂房区域施工场景二

2.3.1　主厂房钢结构安装大型起重机布置

主厂房钢结构安装，使用 M100/95/40t 轨道式塔式起重机、C7027/16t 轨道式塔式起重机、20t/32m 龙门式起重机、SCC2500/250t 履带式起重机、CX500/50t 履带式起重机各 1 台。

M100/95 轨道式塔式起重机的轨道跨 C 排布置，最大工作半径 50m，有效起升高度 70.8m，最大起重能力 40t（$R \leqslant 22.45m$），50m 工作半径时起重能力 13t。

A 排外侧区域布置 1 台 C7027/16t 轨道式塔式起重机，最大工作半径 40m，有效起升高度 47.1m，最大起重能力 16t（$R \leqslant 19.6m$），40m 工作半径时起重能力 7t。

SCC2500/250t 履带式起重机，使用 73.5m 主臂、13m 副臂的塔式工况。

集控楼 0.0m 以上钢结构，使用 2 台 CX500/50t 履带式起重机由 C 排向 F 排（炉后）方向退吊。

2.3.2　1 号锅炉安装大型起重机布置

主力吊装机械为 1 台 M1280D/140t 塔式起重机、1 台 QTP1350/50t 塔式起重机、1 台 7150/150t 履带式起重机（作为炉顶起重机使用）。

辅助吊装机械为 LR1280/280t、KH700/150t、KH180/50t 履带式起重机各 1 台。

主钢架吊装阶段，锅炉扩建端外侧布置 1 台 QTP1350/50t 塔式起重机，锅炉炉膛内布置 1 台 M1280D/140t 塔式起重机，作为锅炉主钢架及顶板梁吊装主吊装机械。第一层锅炉钢结构吊装使用 LR1280/280t 履带式起重机。

顶板梁就位后，M1280D/140t 塔式起重机由锅炉炉膛内位置移出布置于锅炉固定端外侧，完成锅炉后续的吊装任务。

电除尘区域固定布置 1 台 C7022/16t 塔式起重机，机动布置 1 台 KH700/150t 履带式起重机。

2.3.3 2号锅炉安装大型起重机布置

锅炉两侧各固定布置1台FZQ2400/100t塔式起重机，锅炉后部机动布置1台LR1400/400t履带式起重机作为主吊装机械。锅炉0.0m布置1台250t履带式起重机配合进行锅炉钢架及受热面吊装。

电除尘区域固定布置1台16t塔式起重机。

2.4 汽机房区域安装大型起重机布置

1号机组除氧器采用LR1750/750t履带式起重机吊装，由除氧间固定端穿入并放置于拖运滑道上，由10t卷扬机及滑轮组为动力拖运到安装位置。用1组（4×200t）千斤顶将除氧器顶起、抽出拖运滑道后回落就位。2号机组使用SCC4000/400t履带式起重机和250t履带式起重机配合将除氧器穿入除氧间内。就位方式与1号机组相同。

高、低压加热器采用1台LR1280/280t履带式起重机和1台7150/150t履带式起重机从固定端（1号机组）或扩建端（2号机组）将其抬吊至对应的安装楼层，然后用与除氧器相同的方法拖运、就位。

发电机定子使用汽机房内的两台235t/130t/25t/32.5m桥式起重机，并配备4×200t液压提升装置和470t定子抬吊装置抬吊就位。

凝汽器在汽机房A列外搭设的组合平台上组合，主吊机械选用LR1280/280t履带式起重机。凝汽器本体部分组合完成后再整体拖运就位。

三台单相主变压器使用大型履带式起重机卸车并直接吊装就位。

2.5 主厂房钢结构吊装

主厂房钢结构吊装平面布置见图1-5。

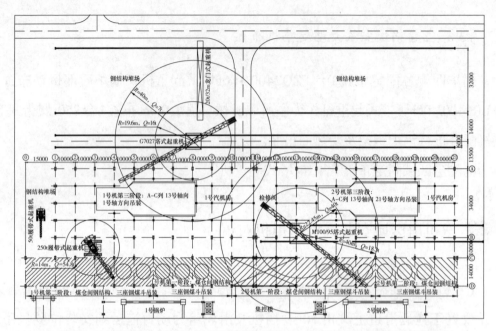

图1-5　上海某1000MW机组工程钢结构主厂房吊装平面布置图

2.5.1　主厂房钢结构简介

主厂房系统由汽机房、除氧间、煤仓间三大部分组成，为全钢框架式结构。汽机房跨度34m，最高处37.5m。桥式起重机轨道顶部标高30.95m，运转层平台标高17.2m。除氧间跨度10m，最高处46.80m，3～10轴、14～21轴共有6层，其余为5层。煤仓间跨度13.5m，最高处64.80m，共分5层。1号机组在3～9轴，2号机组在14～20轴煤仓间分别设有6只钢煤斗，在10～13轴C与D排轴线上设置有跨集控楼钢桁架。

A排柱分两段，0～19m、19～37.50m。B排柱分三段，0～19m、19～35.5m、35.5～46.8 m。C排柱分四段，0～19m、19～35.50m、35.5～53m、53～60.50（64.80）m。D排柱分四段，0～19m、19～35.50m、35.5～53m、53～61.00（64.80）m。

2.5.2　主厂房钢结构吊装顺序

第一阶段：（1号机组主厂房开吊）250t履带式起重机从10轴开始向6轴方

向退吊C-D排煤仓间钢结构，其间穿插完成3座钢煤斗的吊装。

第二阶段：250t履带式起重机从6轴开始向0轴方向退吊C-D排煤仓间钢结构，其间穿插完成3座钢煤斗的吊装。

第三阶段：250t履带式起重机和C7027轨道式塔式起重机从13轴开始向0轴方向退吊A-C排汽机房、除氧间钢结构。

第四阶段：（2号机组主厂房开吊）M100/95轨道式塔式起重机从10轴向17轴退吊C-D排煤仓间钢结构，其间穿插完成3座钢煤斗的吊装。先完成13~14轴的刚性跨结构吊装，再吊装跨集控楼桁架及10~13轴的C排柱间钢结构。

第五阶段：（2号机组第二阶段）M100/95轨道式塔式起重机从17轴向21轴退吊C-D排煤仓间钢结构，其间穿插完成3座钢煤斗的吊装。

第六阶段：（2号机组第三阶段）M100/95轨道式塔式起重机和C7027轨道式塔式起重机从13轴开始向21轴方向退吊A-C排汽机房、除氧间钢结构。

2.5.3　大型起重机分工

250t履带式起重机主要负责1号机组除氧煤仓间和1号机组汽机房屋架的吊装。C7027（16t）轨道式塔式起重机负责1、2号机组汽机房的吊装。M100/95（40t）轨道式塔式起重机负责2号机组除氧煤仓间和2号机组汽机房屋架的吊装。

第3节　晋北某2×1000MW机组工程大型起重机布置

3.1　工程概况

晋北某电厂二期工程建设2×1000MW间接空冷机组，两台机组分别于2022年1月和6月建成投产。主厂房采用侧煤仓布置形式，由汽机向锅炉依次为汽机房、除氧间、锅炉房，煤仓间布置在两炉中间。主厂房主体结构采用现浇钢筋混凝土结构。最后一段输煤栈桥位于4号锅炉前烟道支架上部。锅炉钢架主体部分从前向后K1～K6排柱距离75.3m，K6～K8排柱间为脱硝、预热器钢架，横向G1～G7轴线宽67m。

3.2 主厂房土建施工大型起重机布置

主厂房区域大型起重机布置见图1-6。

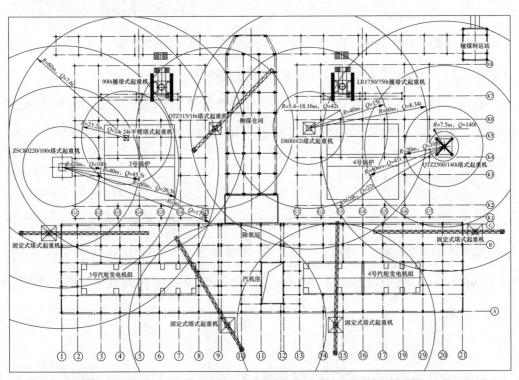

图1-6 晋北某1000MW机组工程主厂房区域大型起重机平面布置图

3.2.1 汽机房-除氧间土建施工大型起重机布置

汽机房-除氧间布置4台固定式塔式起重机，A排外2台，除氧间固定端、扩建端外各1台。A排外2台固定式塔式起重机分别位于9～10轴线和14～15轴线之间。除氧间固定端（扩建端）外侧的塔式起重机在除氧间结构施工完成后拆除以让出除氧器、加热器的吊装通道。

3.2.2　侧煤仓间土建施工大型起重机布置

为满足侧煤仓间物料垂直运输的需要，在3号锅炉与侧煤仓间之间固定布置1台16t平臂式塔式起重机。塔式起重机塔身附着于3号锅炉钢架上K5～K6排柱之间，并随3号锅炉钢架安装高度的升高而顶升。16t平臂式塔式起重机的安装高度不需高于炉顶过高，能满足回转且保证安全即可，任务完成后由锅炉安装主塔式起重机将其拆除。

3.3　锅炉安装大型起重机布置

锅炉安装大型起重机布置见图1-6。

3.3.1　3号锅炉安装大型起重机布置

锅炉主吊机械为1台ZSC80220/100t平臂式塔式起重机，安装高度126m。锅炉主体钢架达到承载条件后在炉顶安装1台24t无头平臂式塔式起重机。

3.3.2　3号锅炉炉顶安装塔式起重机的必要性

后炉膛区域构件有1千余件，且最重件10t多，如使用ZSC80220主塔式起重机吊装未免"大材小用"。前炉膛需吊装的构件数量多、重量重，必须依靠ZSC80220主塔式起重机吊装。仅靠1台主塔式起重机完成整台炉受热面的吊装将影响锅炉吊装进度。为此，增设1台吊装机械参与后炉膛设备吊装、加快施工进度尤为必要。

百万机组 II 型锅炉宽度为70m左右，主钢架吊装结顶后炉后脱硝钢架也已进入全面吊装阶段。若在炉后靠固定端布置1台塔式起重机，工作半径至少需要75m且需起重吨位较大。炉后固定端外侧地面是锅炉、脱硝吊装的物料周转区域，如在此区域布置1台塔式起重机，将会对物料周转、文明施工带来极大不便。炉后靠扩建端为侧煤仓，且已布置了1台负责侧煤仓施工的塔式起重机。

综上所述，在炉顶布置1台塔式起重机成为了较好的选择。最终选择了1台最大起重量为24t的无头平臂式塔式起重机，起重臂长60m，塔身高度27m，钩下高度18m。炉顶起重机固定布置在K4排顶板梁两侧，锅炉中心线偏固定端侧的位置，由K4板梁两侧的4根次梁承重。炉顶起重机除了承担后炉膛受热面的吊装任务外，还承担脱硝区域大部分构件的吊装。

3.3.3　4号锅炉安装大型起重机布置

4号锅炉右侧（扩建端）68m处是间冷塔，如布置大型平臂塔式起重机则无法进行360°回转，存在吊装盲区且有安全隐患，因此选用1台QTZ2500/140t动臂塔式起重机作为锅炉主吊车。QTZ2500塔式起重机布置于4号炉右侧（扩建端）距钢架G7轴线7.5m，K4与K5排柱之间。塔式起重机主钩最大工作半径62m时起重能力为22t，副钩最大工作半径66m时起重能力为20t。

锅炉宽度67m，QTZ2500主塔式起重机无法完全覆盖整个锅炉，且1台塔式起重机也无法满足施工进度的需要，为此在炉左侧布置1台辅助塔式起重机。在炉左侧钢架副跨G1—G2轴线之间、K5排柱后4.2m处布置1台D800/42t附着式动臂塔式起重机。D800/42t塔式起重机高度109.2m，附着在G2轴线钢架上，两道附着标高分别为41、79m。D800/42t塔式起重机起重臂最大工作半径60m，此时起重能力为8.34t。

3.4　大件设备吊装方案简述

两台锅炉的顶板梁采用双机抬吊的方式吊装就位。3号锅炉由ZSC80220/100t固定式平臂塔式起重机和900t履带式起重机（主臂78m、副臂48m塔式工况＋超起）抬吊完成，4号锅炉由QTZ2500/140t动臂塔式起重机和LR1750/750t履带式起重机（塔式工况）抬吊完成。

发电机定子重426t，由汽机房内的两台桥式起重机抬吊就位。在桥式起重机大梁上布置4×200t液压提升装置，并使用定子抬吊装置抬吊就位。汽机整体式高、中压缸重量分别为103、173t，使用汽机房两台桥式起重机及制造厂提供的抬吊扁担抬吊就位。

除氧器重185t、长39m，安装于除氧间32m层，使用M2250/450t履带式起重机和650t汽车起重机双机抬吊穿入除氧间，然后拖运就位。3台高压加热器重量分别为169.5、183.5、118t，使用M2250/450t履带式起重机和500t汽车起重机双机抬吊由除氧间端部穿入，然后拖运就位。

两台机组共12只钢煤斗，使用M2250/450t履带式起重机塔式工况站位于脱硝钢架位置吊装就位。

主厂房区域施工场景见图1-7和图1-8。

图1-7　晋北某1000MW机组工程主厂房区域施工场景一

图1-8　晋北某1000MW机组工程主厂房区域施工场景二

第4节　豫北某2×660MW机组工程大型起重机布置

4.1 工程概况

4.1.1 主厂房布置

主厂房采用钢结构双向支撑－钢接框架结构型式、外除氧间、侧煤仓三列式布置，由东向西依次为除氧间、汽机房、锅炉，煤仓间布置在两炉中间，最后一段输煤栈桥布置于1号锅炉前烟道支架之上。汽机房跨度29m，长度方向共有19档，采用不等柱距，中间留1.5m的伸缩缝，总长183.5m。除氧间跨度9.5m，柱距及长度与汽机房相同。

锅炉采用露天岛式布置，K1排至K7排柱中心距离为66.5m（含脱硝钢架），锅炉前部左右G1轴至G7轴中心间距为49m，锅炉后部左右柱距G01轴至G71轴为60m，两台锅炉中心线间距为91.5m。锅炉前部与汽机房间距为11.5m（B排柱至锅炉K1排柱）。

4.1.2 三大主机

锅炉由东方锅炉股份有限公司生产，型号：DG-2055/29.4-M型；型式：超超临界参数直流炉、单炉膛、一次再热、平衡通风、露天岛式布置、固态排渣、全钢构架、全悬吊结构、对冲燃烧方式、Π型锅炉。

汽轮机由东方汽轮机有限公司生产，型号：NCC660/597-28/1.3/0.4/600/620型；型式：超超临界、单轴、一次中间再热、四缸四排汽、双抽凝汽式汽轮机。

发电机由东方电机股份有限公司生产，型号：QFSN-660-2-22B型；型式：水氢氢汽轮发电机。

4.2 主厂房区域大型起重机布置

主厂房区域大型起重机布置见图1-9，主要起重机械布置位置及工作任务见表1-1。

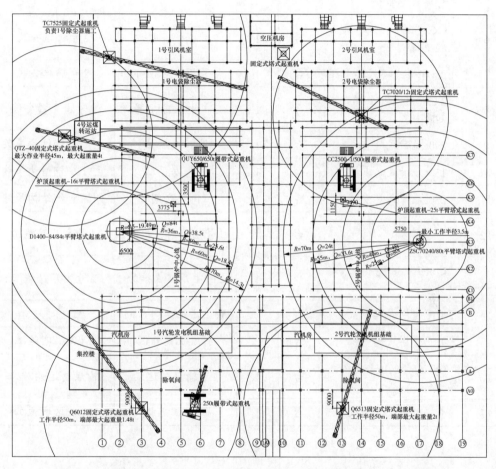

图1-9　豫北某660MW机组工程主厂房区域大型起重机平面布置图

表1-1　　　　　　豫北工程主要起重机械配备表

序号	机械名称	单位	数量	布置地点	工作任务
1	D1400/84t固定式平臂塔式起重机	台	1	1号锅炉左侧	1号锅炉安装
2	QUY650/650t履带式起重机	台	1	1号锅炉、机动	1号机组安装

序号	机械名称	单位	数量	布置地点	工作任务
3	16t平臂式塔式起重机	台	1	1号锅炉顶部	1号锅炉安装
4	TC7525/16t平臂式塔式起重机	台	1	1号电袋除尘器	1号除尘器安装
5	ZSC70240/80t固定式平臂塔式起重机	台	1	2号锅炉右侧	2号锅炉安装
6	CC2500-1/500t履带式起重机	台	1	2号锅炉、机动	2号机组安装
7	25t平臂式塔式起重机	台	1	2号锅炉炉顶部	2号锅炉安装
8	TC7020/12t平臂式塔式起重机	台	1	2号电袋除尘器	2号除尘器安装
9	250t履带式起重机	台	1	主厂房区域	主厂房钢结构吊装
10	150t履带式起重机	台	1	主厂房区域	主厂房钢结构吊装
11	250t履带式起重机	台	1	侧煤仓间	侧煤仓钢结构吊装
12	Q6012/8t平臂塔式起重机	台	1	1号主厂房A排外	1号主厂房施工
13	Q6513/8t平臂塔式起重机	台	1	2号主厂房A排外	2号主厂房施工
14	4t平臂塔式起重机	台	1	除尘器配电间东侧	配电间施工
15	4t平臂塔式起重机	台	2	引风机室外侧	引风机室施工
16	QTZ-40/4t平臂塔式起重机	台	1	4号输煤转运站	输煤转运站施工
17	4t平臂塔式起重机	台	1	脱硫工艺楼	脱硫区域施工

4.2.1　主厂房土建施工大型起重机布置

汽机房、除氧间主体钢结构吊装使用250t履带式起重机、150t履带式起重机各1台；70t汽车起重机和50t汽车起重机各1台为辅助吊装机械。煤仓间钢结构吊装使用1台250t履带式起重机。50、25t汽车起重机和15t平板车负责钢结构构件的卸车、倒运。

在A0排外侧9m处，3～4轴线间固定布置一台Q6012型平臂式塔式起重机（工作半径50m、自由高度42.6m）；12～13轴线间固定布置一台Q6513型平臂式塔式起重机（工作半径50m、自由高度52.0m）。两台固定式塔式起重机主要负责主厂房基础、汽机基础、集控楼、大平台楼层板结构物料的垂直运输。

4.2.2 1号锅炉安装大型起重机布置

1号锅炉固定端（左侧）外布置一台D1400/84t平臂塔式起重机作为锅炉吊装主吊车。塔式起重机中心正对锅炉钢架K3～K4排之间，距锅炉外侧柱轴线6.5m。塔身高度117m，有效起吊高度为112m；最小工作半径6.5m，最大工作半径70m。

锅炉大板梁的吊装由84t塔式起重机和站位于炉后的一台QUY650/650t履带式起重机抬吊完成。

锅炉钢架具备承载条件后在炉顶固定布置一台16t平臂式塔式起重机作为炉顶起重机使用。炉顶起重机站位于锅炉中心线偏向炉左3.775m，K5板梁中心线偏向炉前3.5m。炉顶起重机有效起升高度为26m，最大工作半径60m，臂端额定起重量4.3t。

4.2.3 2号锅炉安装大型起重机布置

2号锅炉扩建端（右侧）外布置一台ZSC70240/80t平臂塔式起重机作为锅炉吊装主吊车。80t塔式起重机中心正对锅炉钢架K3排柱，距锅炉外侧柱轴线5.75m。工作半径3.5～70m。

锅炉大板梁的吊装由80t塔式起重机和站位于炉后的一台CC2500-1/500t履带式起重机单车吊装或抬吊完成。

锅炉钢架具备承载条件后在炉顶固定布置一台25t平臂式塔式起重机作为炉顶起重机使用。炉顶起重机站位于锅炉中心线偏向炉左9.49m，K5板梁中心线偏向炉前1.15m。炉顶起重机有效起升高度为24m，最大工作半径60m，臂端额定起重量5.2t。

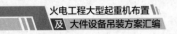

4.2.4 炉后区域起重机布置

4号运煤转运站位于1号锅炉前烟道支架左侧。在其南侧布置一台QTZ-40固定式塔式起重机，工作半径2.5~40m，最大起重量4t，最大工作半径时起重量0.7t。此塔式起重机负责4号运煤转运站结构施工期间物料垂直运输，转运站结顶后拆除。

1号机组除尘器吊装工作由1台TC7525/16t塔式起重机完成，固定布置于1号引风机房南侧，最大工作半径75m（臂端额定起重量1.72t）。2号机组除尘器吊装工作由1台TC7020/12t塔式起重机完成，固定布置于2台除尘器之间靠锅炉侧，使用45m作业半径（臂端额定起重量5.6t）。

除尘器配电间及空气压缩机房东侧布置一台固定式平臂塔式起重机，最大起重量4t，负责除尘器配电间及空气压缩机房施工。空气压缩机房主体结构完成后即拆除，以不影响电袋除尘器的施工。

1、2号引风机室，脱硫工艺楼各布置一台平臂塔式起重机，主体结构完成后拆除。

4.3 主厂房钢结构吊装

4.3.1 主厂房钢结构简介

主厂房上部钢柱、梁、支撑均采用热轧H型钢和组焊H型钢制作而成。除氧间A0排柱顶标高21.97m，柱子一段到顶；A、B排柱顶标高31.686m，分两段供货；B1排柱顶标高11.775m。汽机房桥式起重机轨道顶标高27.5m，屋架顶标高33.226m。钢柱、梁、支撑的连接采用高强螺栓加焊接进行连接，梁柱铰接采用高强螺栓连接。

4.3.2 主厂房钢结构吊装起重机配备

250t履带式起重机两台，1台负责主厂房B-B1排柱区域钢结构吊装，1台负责侧煤仓区域钢结构吊装。150t履带式起重机1台，主要负责A-A0排区域钢结构吊装。70、50、25t汽车起重机辅助进行小型钢构件吊装和构件装、卸车及倒运。

4.3.3 汽机房–除氧间钢结构吊装

汽机房–除氧间总的吊装顺序，由1号机组固定端向2号机组扩建端方向依次进行。汽机房–除氧间钢结构的吊装大致分为5个区域，250t履带式起重机负责3个区域，150t履带式起重机负责2个区域。吊装区域划分见图1-10。

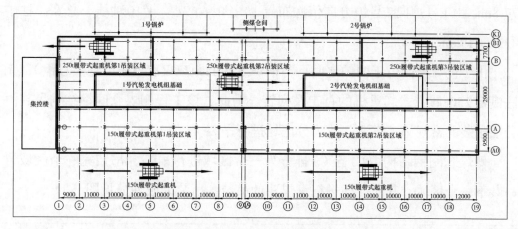

图1-10 豫北工程汽机房–除氧间钢结构吊装分区图

250t履带式起重机第1吊装区域：250t履带式起重机站位于1号汽机房固定端B-B1排柱区域，按照5、4、3、2、1轴线顺序吊装B、B1列立柱，6.7m层和13.4m层柱间次梁及柱间支撑，B列1～5轴桥式起重机轨道梁等。

250t履带式起重机第2吊装区域：250t履带式起重机站位于1、2号汽机房结合部区域，进行B、B1排6～14轴的吊装。10轴线A0、A、1/A、2/A、3/A、4/A暂不吊装，作为250t履带式起重机行走及物料运输通道，B排方向吊装完成后再吊装。

250t履带式起重机第3吊装区域：250t履带式起重机站位于2号汽机房扩建端B-B1排柱区域，按照14～19轴线顺序吊装立柱、次梁、柱间支撑、桥式起重机轨道梁等。

150t履带式起重机第1吊装区域：150t履带式起重机站位于1号汽机房A0排外，吊装1号汽机房A0、A、A1排区域的钢结构。

150t履带式起重机第2吊装区域：150t履带式起重机站位于2号汽机房A0排外，吊装2号汽机房A0、A、A1排区域的钢结构。

汽机房屋面钢结构的吊装主要由250t履带式起重机完成。

4.3.4 侧煤仓间钢结构吊装

侧煤仓间由汽机房向烟囱方向依次布置C1～C9排柱，总长（柱中心距）77.8m。由1号炉向2号炉方向依次布置1/8、2/9、3/9、1/10轴线，总宽（柱中心距）19.4m。

由于侧煤仓间位于两炉之间，与锅炉之间的距离仅有10m（柱中心距），无法满足250t履带式起重机的行走及回转。为此，该工程侧煤仓间钢结构吊装由分层吊装的常规施工方法，改为分区域进行吊装。

侧煤仓间钢结构由C1至C9排分为三个区域进行吊装，吊装完一个区域再吊装下一个区域，其间穿插进行钢煤斗的吊装。吊装区域划分见图1-11。

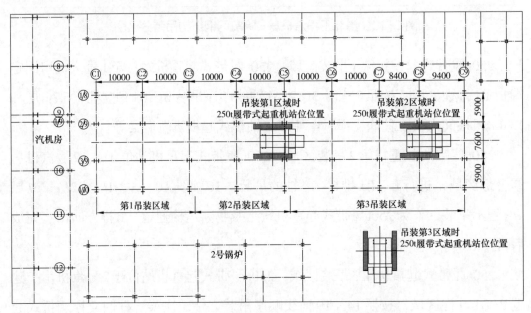

图1-11　豫北工程侧煤仓间钢结构吊装分区图

第2章 锅炉钢架及顶板梁吊装方案

第1节 山东某1000MW机组工程7号锅炉钢架及顶板梁吊装

1.1 设备概况

锅炉为超超临界变压直流炉、单炉膛、一次中间再热、前后墙对冲燃烧方式、平衡通风、固态排渣、全钢构架、全悬吊结构Ⅱ型锅炉。工程于2007年建成投产。

锅炉钢架的总宽度70m，分为G1～G7七个轴线；总深度74.8m，分为K1～K8八排；钢架立柱分六节供货：第一节为−1200～+11400mm、第二节顶标高+25600mm、第三节顶标高+38400mm、第四节顶标高+51400mm、第五节顶标高+69000mm、第六节外柱顶标高+85100mm（支撑顶板梁的内侧柱柱顶标高+79800m）。在锅炉K2、K3、K4、K5、K6排共布置五件叠形连接的顶板梁，顶板梁的顶标高为+85900mm。锅炉顶板梁主要技术数据见表2-1。

表2-1　　　　　　　　　锅炉顶板梁主要技术数据表

名称	截面尺寸	长度（mm）	上梁重量（t）	下梁重量（t）
MB−1	H4800×1000×30×90	43300	80	70
MB−2	H7500×1500×36×90	43300	130	110
MB−3	H8000×1500×40×120	43300	150	150
MB−4	H8400×1600×40×120	43300	160	160
MB−5	H5200×1200×30×90	43300	90	80

1.2 锅炉吊装大型起重机布置

FZQ1380/63t附着式动臂塔式起重机1台，布置于锅炉左侧。其纵向中心线距锅炉外侧柱轴线7.5m，横向中心线位于K4排中心线后3.0m，塔身高度87m。

FZQ1650/75t附着式动臂塔式起重机1台，布置于锅炉右侧。其纵向中心线距锅炉外侧柱轴线7.0m，横向中心线位于K3排中心线后6.1m。塔身高度87m。

M2250/450t履带式起重机1台，布置在锅炉主钢架后部脱硝区域，配合两台塔式起重机完成钢架吊装并与FZQ1650/75t附着式动臂塔式起重机完成顶板梁的抬吊。

CKE1800/180t履带式起重机1台，承担辅助吊装任务。

图2-1所示为锅炉吊装大型起重机布置平面图。

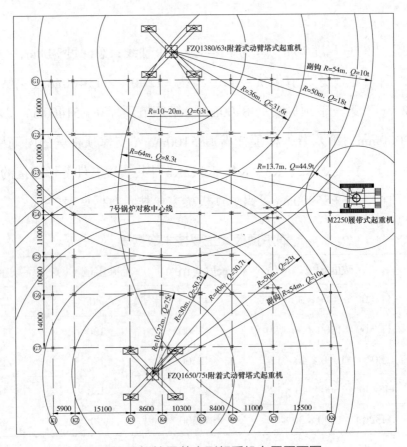

图2-1 锅炉吊装大型起重机布置平面图

1.3 锅炉钢架吊装简述

根据锅炉钢架的总体布局，首先吊装主体钢架，然后吊装锅炉顶板梁及次梁等炉顶钢结构。主体钢架、炉顶钢结构吊装、验收完成后再吊装炉后脱硝钢架。钢架以散吊方式为主吊装，由扩建端（G1轴线）向固定端（G7轴线）、由下往上逐层吊装。每层的平台扶梯随钢架及时安装到位。

由于FZQ1650塔式起重机和FZQ1380塔式起重机在开工时尚未投用，第一层钢架由M2250/450t履带式起重机站位于锅炉炉膛内0.0m地面进行吊装。吊装第二层时，FZQ1380/63t塔式起重机投入使用，M2250履带式起重机站位于锅炉右侧距离G7轴线12m处，并沿锅炉的前后方向行走。这样，FZQ1380塔式起重机和M2250履带式起重机分别负责炉左与炉右的吊装工作。当FZQ1650/75t塔式起重机投用后，FZQ1650/75t塔式起重机和FZQ1380/63t塔式起重机分别负责炉右和炉左的吊装工作。M2250履带式起重机则站位于炉后脱硝钢架区域，主要承担锅炉后侧钢架的吊装工作。

主体钢架吊装阶段K4G4与K4G3间、K5G4与K5G3间、K6G4与K6G3间的梁、支撑全部缓装，留出通道使M2250履带式起重机从此通道进入炉膛0.0m地面，吊装钢架的第一层及MB1、MB2顶板梁。待MB2顶板梁吊装完成后，吊装K4G4与K4G3间的梁、支撑，待MB3顶板梁吊装后，吊装K5G4与K5G3间的梁、支撑，待MB4顶板梁吊装后，吊装K6G4与K6G3间的梁、支撑。吊装MB5顶板梁。

在主体钢架吊装阶段M2250履带式起重机选取64m主臂、33.5m副臂塔式工况；回转半径$R=13.7$m时，最大起重量为44.9t；回转半径$R=64$m时，最大起重量为8.3t。

1.4 锅炉顶板梁卸车

由于顶板梁的外形尺寸比较大，所以顶板梁在制造厂装车时应考虑装车方向与现场卸车方向相匹配。顶板梁卸车区域有两个，一个是位于炉膛内0.0m地面，另一个是位于 K6 排后侧偏炉右位置。

当 MB-1 下梁、MB-1 上梁和 MB-2 下梁由平板车运输至现场，确认安装方向无误后，从锅炉右侧的 K2、K3 排柱之间进入炉膛内 0.0m 地面，并停放在卸车位置。这三根梁的卸车顺序是：MB-1 下梁、MB-1 上梁和 MB-2 下梁。其余的 MB-2 上梁、MB-3 下梁、MB-3 上梁、MB-4 下梁、MB-4 上梁、MB-5 下梁、MB-5 上梁卸车至锅炉 K6 排柱后右侧。锅炉顶板梁卸车位置见图 2-2。

所有顶板梁的卸车均由 FZQ1650/75t 塔式起重机和 M2250/450t 履带式起重机抬吊完成。MB-1 上、下梁和 MB-2 下梁卸车时 M2250 履带式起重机选用 64m 主臂工况（不带超起），其余 7 件卸车时选用 97.5m 主臂超起工况。锅炉顶板梁卸车时起重机工况见表 2-2。

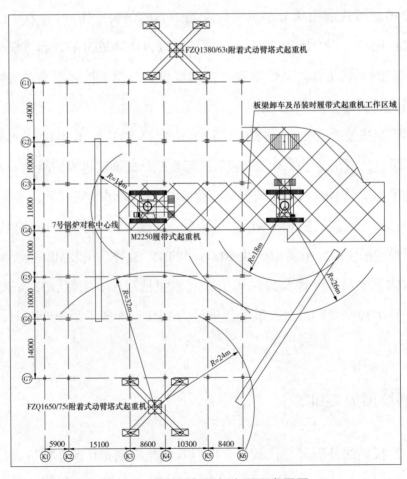

图 2-2　锅炉顶板梁卸车平面布置图

表2-2 锅炉顶板梁卸车时起重机工况

吊车	板梁	MB-1 下	MB-1 上	MB-2 下	MB-2 上	MB-3 下	MB-3 上	MB-4 下	MB-4 上	MB-5 下	MB-5 上
塔式起重机	R（m）	32	32	32	26	24	24	24	24	24	24
	r（m）	16.65	16.65	16.65	19.65	19.65	19.65	19.65	19.65	19.65	19.65
	Q（t）	30	30	35	45	50	50	55	55	30	30
	负荷率（%）	65	65	76	67	74	74	81	81	45	45
履带式起重机	R（m）	20	20	14	26	26	26	26	26	26	18
	r（m）	12.49	9.99	7.77	10.4	9.825	9.825	10.29	10.29	11.79	9.825
	Q（t）	40	50	75	85	100	100	105	105	50	60
	负荷率（%）	60	75	75	66	77	77	81	81	39	46

注 R 为吊车的工作半径；r 为吊点距大板梁中心的距离；Q 为吊车分担的负荷。

1.5 顶板梁吊装就位

每件顶板梁上脚手架的重量按 2t 计。对于 FZQ1650/75t 塔式起重机除承担分配的大板梁重量外，还需承担 ø52mm×50m 钢丝绳的重量 0.7t、销轴重量 0.04t、脚手架重量 1t，计 1.74t。对于 M2250/450t 履带式起重机除承担分配的大板梁重量外，还需承担 ø65mm×16m 钢丝绳的重量 0.45t、销轴重量 0.04t、脚手架重量 1t、吊钩重量 4.2t，计 5.69t。

MB-1 下梁、MB-1 上梁、MB-2 下梁由炉膛内 0.0m 地面起吊，其余 7 件大板梁由炉后地面起吊。顶板梁吊装就位时起重机工况见表2-3。

表2-3 锅炉顶板梁吊装就位时起重机工况

吊车	板梁	MB-1 下	MB-1 上	MB-2 下	MB-2 上	MB-3 下	MB-3 上	MB-4 下	MB-4 上	MB-5 下	MB-5 上
塔式起重机	R（m）	32.77	30.9	30.9	26	22.3	22.3	24.5	24.5	33.1	33.1
	r（m）	16.39	16.5	16.07	16.9	19.84	19.4	21.0	21.0	16.5	16.5
	Q（t）	22	25	35	40	55	53	55	55	25	25
	q（t）	45.9	50.2	50.2	60.6	75	75	67.2	67.2	42.1	42.1
	负荷率（%）	50	53	53	66	76	73	84	84	64	64

续表

板梁 吊车		MB-1 下	MB-1 上	MB-2 下	MB-2 上	MB-3 下	MB-3 上	MB-4 下	MB-4 上	MB-5 下	MB-5 上
履带式起重机	R（m）	26	15.2	26	15.2	26	15.2	26	15.2	26	15.2
	r（m）	7.5	7.5	7.5	7.5	11.43	10.4	10.95	11.0	7.5	6.35
	Q（t）	48	55	75	90	95	97	105	105	55	65
	q（t）	129.2	129.2	129.2	129.2	129.2	129.2	129.2	129.2	129.2	129.2
	负荷率（%）	42	47	62	74	78	79.5	85.7	85.7	47	55

注 R 为吊车的工作半径；r 为吊点据顶板梁中心的距离；Q 为吊车分担的负荷；q 为吊车此工况下的额度起重量。

第2节 河南某1000MW机组工程2号锅炉钢架及顶板梁吊装

2.1 设备概况

主厂房采用侧煤仓布置方式，即煤仓间布置于两炉之间。主厂房按除氧间、汽机房、锅炉房的顺序进行布置。工程于2010年投产。

锅炉型号为DG3000/26.15-Ⅱ1型，受热面Ⅱ型布置。两炉中心线间距为103.5m，炉前K0排与汽机房B排间距为3.5m。锅炉钢架沿锅炉宽度方向布置G1、G2、G3、G4、G5、G6、G7共7轴线钢柱，各轴线间距离依次为14、10、11、11、10、14m，总宽度70m。锅炉从前（汽机房侧）至后布置K0、K1、K2、K3、K4、K5、K6、K7共8排钢柱，各排柱间距从前到后依次为5.9、15.1、8.6、10.3、8.4、11、15.85m，钢架总深度75.15m。锅炉钢架共有大小立柱57根。

钢架立柱分六节，第一节为-1.20～+11.40m，第二～五节柱顶标高分别为27.70、40.50、53.50、71.00m，第六节外柱顶标高为86.50m（支撑顶板梁的内柱标高不一致）。K4顶板梁的顶面标高为88.20m（各顶板梁的顶面标高不一致，K4顶板梁最高）。顶板梁主要技术数据见表2-4。

表2-4　　　　　　　　　　锅炉顶板梁主要技术数据表

序号	板梁名称	数量	长×宽×高（mm）	重量（t）	下平面标高（mm）	上平面标高（mm）
1	MB-1下梁	1	43300×1000×2000	60	82300	—
2	MB-1上梁	1	43300×1000×2800	84	—	87200
3	MB-2下梁	1	43300×1500×3500	102	80400	—
4	MB-2上梁	1	43300×1500×4000	114	—	88000
5	MB-3下梁	1	43300×1500×4000	132	79900	—
6	MB-3上梁	1	43300×1500×4000	130	—	88000
7	MB-4下梁	1	43300×1600×4300	148	79500	—
8	MB-4上梁	1	43300×1600×4300	144	—	88200
9	MB-5下梁	1	43300×1200×2200	68	81900	—
10	MB-5上梁	1	43300×1200×3000	90	—	87200

2.2 锅炉吊装大型起重机布置

BTQ2900/125t电动轨道式塔式起重机1台，布置于炉左，轨道垂直于锅炉纵轴线，轨道中心线在K3排柱偏向炉后2050mm。M250/250t履带式起重机1台，负责锅炉钢架的吊装及机动使用。两台起重机布置位置见图2-3。

CC2500-1/500t履带式起重机1台，布置于炉后区域，主要负责锅炉顶板梁及大件设备的吊装。

FZQ660/40t塔式起重机1台，在锅炉钢架具备承载条件后安装于炉顶作为炉顶起重机使用。

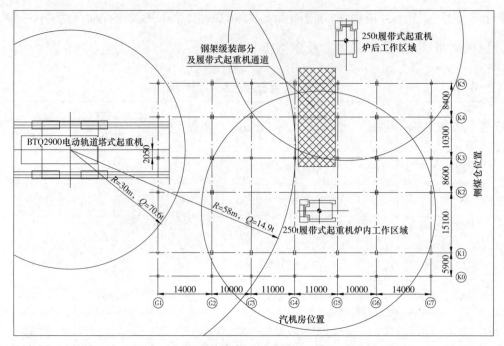

图2-3　锅炉主体钢架吊装阶段大型起重机布置平面图

2.3 锅炉钢架吊装简述

锅炉钢架分为主体钢架和尾部钢架（脱硝钢架）。钢架的吊装总体上分为三个阶段，即：主体钢架吊装阶段、顶板梁层吊装阶段、尾部钢架吊装阶段。

主体钢架吊装阶段，使用BTQ2900/125t电动轨道式塔式起重机和M250/250t履带式起重机。250t履带式起重机位于炉后或炉膛内地面。

顶板梁层吊装阶段，每件顶板梁均使用BTQ2900/125t电动轨道式塔式起重机（69.2m主臂，51m副臂）和CC2500-1/500t履带式起重机（带超起的主臂工况，主臂长96m）抬吊就位。M250/250t履带式起重机作为辅助吊车使用。

尾部钢架吊装阶段，使用BTQ2900/125t电动轨道式塔式起重机和CC2500-1/500t履带式起重机（塔式工况），M250/250t履带式起重机机动使用。

K3G4与K3G5柱间、K4G4与K4G5柱间、K5G4与K5G5柱间相连的梁、支撑全部缓装，留出通道使250t履带式起重机从此通道进入炉膛内0.0m吊装钢架的右半部分。吊装大板梁时500t履带式起重机也由此通道进入与BTQ2900/125t电动轨道式塔式起重机共同完成各板梁的抬吊。随着顶板梁的吊装进程依次封闭此通道。通道预留位置见图2-4。

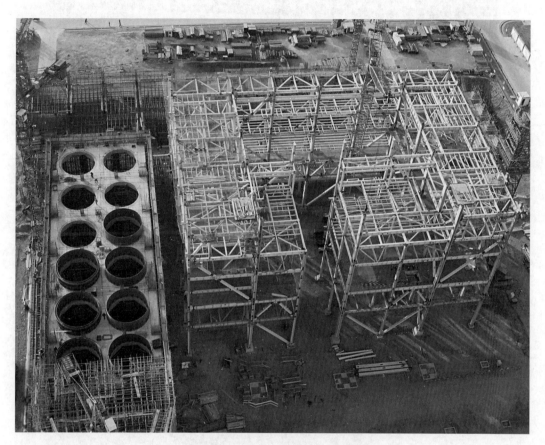

图2-4 锅炉主体钢架吊装俯瞰

2.4 顶板梁吊装就位

顶板梁从炉前至炉后依次吊装,先吊装下半,然后吊装上半。

每件顶板梁均使用BTQ2900/125t塔式起重机和CC2500-1/500t履带式起重机抬吊就位。塔式起重机吊点位于每件顶板梁的G1端(炉左方向),履带式起重机吊点位于每件顶板梁的G7端(炉右方向)。MB-1下梁、MB-1上梁由锅炉炉膛内0.0m地面起吊,其余由炉后地面起吊。

MB-1顶板梁下半吊装场景见图2-5，MB-4顶板梁下半吊装场景见图2-6。

图2-5　MB-1顶板梁下半吊装场景

图2-6　MB-4顶板梁下半吊装场景

每只顶板梁上脚手架的重量约为3t。对于BTQ2900/125t塔式起重机除承担分配的大板梁重量外，还需承担约0.5t的吊索重量。对于CC2500-1/500t履带式起重机除承担分配的大板梁重量外，还需承担约0.5t的吊索重量、100t吊钩的重量3.5t，计4.0t。顶板梁吊装就位时起重机工况见表2-5。

表2-5 锅炉顶板梁吊装就位时起重机工况

吊车 \ 板梁		MB-1 下	MB-1 上	MB-2 下	MB-2 上	MB-3 下	MB-3 上	MB-4 下	MB-4 上	MB-5 下	MB-5 上
塔式起重机	R（m）	39.0	39.0	39.0	39.0	37.0	37.0	33.0	33.0	33.0	33.0
	r（m）	18.0	18.0	18.0	18.0	12.0	12.0	17.6	17.6	18.0	18.0
	Q（t）	15.2	20.9	25.1	27.9	42.9	42.3	53.5	52.0	36.0	47.0
	q（t）	47.4	47.4	47.4	47.4	54.9	54.9	70.3	70.3	70.3	70.3
	负荷率（%）	32.1	44.1	53.0	58.9	78.1	77.0	76.1	74.0	51.2	66.9
履带式起重机	R（m）	20.0	20.0	16.0	16.0	16.0	16.0	16.0	16.0	16.0	16.0
	r（m）	5.5	5.5	5.5	5.5	5.5	5.5	9.5	9.5	18.0	18.0
	Q（t）	52.3	70.6	84.4	93.6	96.6	95.2	102	99.5	39.5	50.5
	q（t）	128	128	128	128	128	128	128	128	128	128
	负荷率（%）	40.9	55.2	65.9	73.1	75.5	74.4	79.7	77.7	30.9	39.5

注 R为吊车的工作半径；r为吊点据大板梁中心的距离；Q为吊车分担的负荷；q为吊车此工况下的额度起重量。

第3节 宁夏某1000MW机组工程4号锅炉顶板梁吊装

3.1 设备概况

锅炉型号、钢架结构与河南项目基本相同，顶板梁外形尺寸、重量略有不同。顶板梁几何尺寸和重量见表2-6。

表2-6 锅炉顶板梁几何尺寸和重量

序号	板梁名称	数量	顶板梁尺寸（mm）	重量（t）
1	MB-1	1	$H4800 \times 1000 \times 30 \times 90$，$L = 43300$ 上梁高度：2800，下梁高度：2000	上梁：85 下梁：61
2	MB-2	1	$H7500 \times 1500 \times 36 \times 90$，$L = 43300$ 上梁高度：4000，下梁高度：3500	上梁：124 下梁：110
3	MB-3	1	$H8000 \times 1500 \times 40 \times 120$，$L = 43300$ 上梁高度：4000，下梁高度：4000	上梁：140 下梁：140
4	MB-4	1	$H8600 \times 1600 \times 40 \times 120$，$L = 43300$ 上梁高度：4300，下梁高度：4300	上梁：154 下梁：154
5	MB-5	1	$H5200 \times 1200 \times 30 \times 90$，$L = 43300$ 上梁高度：3000，下梁高度：2200	上梁：92 下梁：75

3.2 锅炉吊装大型起重机布置

ZSC70360附着式平臂塔式起重机1台，布置在锅炉钢架左侧K3-K4排中间位置，中心距G1轴线5.0m。塔式起重机采用两层附着，最大起升高度120m，最大工作幅度70m，最大起重量110t。

QUY450/450t履带式起重机1台，采用塔式超起工况，主臂长78m，副臂采用24、30、48m三种长度。履带式起重机站位于锅炉右侧和炉后位置。

3.3 锅炉顶板梁吊装就位

3.3.1 吊装顺序

锅炉钢架吊装顺序：第一阶段吊装K0-K5间的主体钢架，然后吊装顶板梁层钢架。主体钢架（包括顶板梁层）达到承载条件后，吊装K5-K7间的脱硝区域钢架。

顶板梁吊装顺序：从炉前至炉后依次吊装，每件均先吊装下半，然后吊装上半。

顶板梁的运输及卸车：事先与顶板梁制造厂沟通，顶板梁按照吊装顺序发运。顶板梁由平板车运输至炉后脱硝区域0.0m地面卸车。

3.3.2 锅炉顶板梁吊装就位

每根顶板梁均由ZSC70360/110t附着式平臂塔式起重机和QUY450/450t履带式起重机从炉后抬吊就位。450t履带式起重机在抬吊MB-1板梁下、上半时站位于炉右侧，集中控制楼的左后角，抬吊其余板梁时站位于炉后部右侧。图2-7为MB-1顶板梁吊装时的立面图。

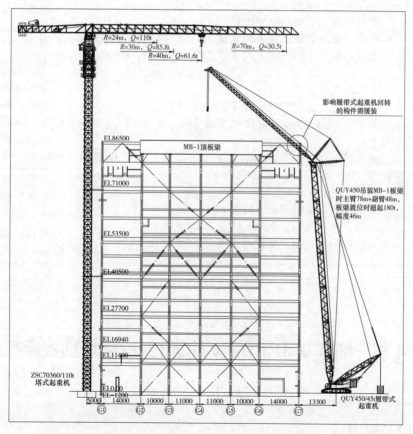

图2-7 锅炉MB-1顶板梁吊装立面图（从炉前向炉后看）

顶板梁抬吊参数见表2-7（每件顶板梁上、下半吊装时两吊车工况相同，表中仅列出最重的上梁吊装参数）。

表2-7　　　　　　　　　　　锅炉顶板梁吊装参数

板梁名称	QUY450/450t履带式起重机	ZSC70360/110t塔式起重机
MB-1上	分配载荷：33.7t； 臂架组合：主臂78m+副臂48m； 起吊：幅度28m，额定起重量53t，主臂85°，60t超起； 就位：幅度46m，额定起重量51t，主臂85°，180t超起	分配载荷：51.3t； 起吊：幅度33m，G额=79t； 就位：幅度40m，G额=61.6t
MB-2上	分配载荷：56.2t； 臂架组合：主臂78m+副臂30m； 起吊：幅度26m，额定起重量76t，主臂85°，60t超起； 就位：幅度38m，额定起重量76t，主臂85°，180t超起	分配载荷：67.8t； 起吊：幅度32m，G额=81.2t； 就位：幅度30m，G额=85.8t
MB-3上	分配载荷：64.8t； 臂架组合：主臂78m+副臂30m； 起吊：幅度22m，额定起重量81t，主臂85°，60t超起； 就位：幅度28m，额定起重量74t，主臂85°，60t超起	分配载荷：78.2t； 起吊：幅度30m，G额=85.8t； 就位：幅度27m，G额=97.5t
MB-4上	分配载荷：70.9t； 臂架组合：主臂78m+副臂24m； 起吊：幅度20m，额定起重量70t，主臂85°，100t超起； 就位：幅度20m，额定起重量70t，主臂85°，100t超起	分配载荷：83.1t； 起吊：幅度29m，G额=89.8t； 就位：幅度27m，G额=105t
MB-5上	分配载荷：46t； 臂架组合：主臂78m+副臂24m； 起吊：幅度20m，额定起重量70t，主臂85°； 就位：幅度20m，额定起重量70t，主臂85°	分配载荷：46t； 起吊：幅度28m，G额=102t； 就位：幅度26m，G额=110t

第4节　浙江某1000MW机组工程锅炉顶板梁吊装

4.1 设备概况

　　锅炉为哈尔滨锅炉厂生产的超超临界变压运行直流锅炉，受热面∏型布置、单炉膛、一次中间再热、全钢构架、全悬吊结构。锅炉型号：HG-

2953/27.46-YM1。

锅炉钢架0.0m处共布置48根立柱。锅炉钢架沿纵向（炉前至炉后）分为6排（BE～BK），深度53.8m；沿横向为B0～B69.6，宽度69.6 m，其中B34.8轴为锅炉纵向中心线。钢结构立柱分五层九段，其中第二、三、四、五层各分两段。锅炉共有10根顶板梁，总重为1089.72t。C、D、E、F顶板梁为叠梁，依次搁置在锅炉钢架BF、BG、BH、BJ排的14.3和55.3轴线的柱头上。A、B顶板梁各2件（共4件），搁置在锅炉钢架BE排的柱头上。G顶板梁2件，搁置在锅炉钢架BK排的柱头上。各板梁的外形尺寸和重量见表2-8。

表2-8　　　　　　　　　　锅炉顶板梁主要技术数据表

序号	板梁名称	数量	长×宽×高（mm）	重量（t）	下平面标高	上平面标高
1	A	2	8765×300×1000	2.724	86600mm	87600mm
2	B	2	11668×360×1800	6.573	86600mm	88400mm
3	C下梁	1	42070×1300×3900	107.91	81200mm	—
4	C上梁	1	42070×1300×3900	107.91	—	89000
5	D下梁	1	42090×1400×3900	119.24	81200mm	—
6	D上梁	1	42090×1400×3900	119.24	—	89000
7	E下梁	1	42090×1600×3900	151.26	81200mm	—
8	E上梁	1	42090×1600×3900	151.26	—	89000
9	F下梁	1	42090×1600×3900	138.95	81200mm	—
10	F上梁	1	42090×1600×3900	138.95	—	89000
11	G	2	20468×600×3000	16.82	84600	87600

4.2　锅炉吊装大型起重机布置

4.2.1　1号锅炉吊装大型起重机布置

FZQ2000Z/80t附着式动臂塔式起重机1台，布置于锅炉扩建端。10～25m幅度时最大起重量80t，30m幅度时最大起重量54.8t，40m幅度时最大起重量

33.6t，52m幅度时最大起重量23t。

LR1750/750t履带式起重机1台，SDBW（塔式超起）工况，布置于锅炉固定端。主臂77m，副臂35m，超起桅杆31.5m。最小幅度18m时最大起重量为175t，最大幅度38m时最大起重量为145t。

50t汽车起重机1台，锅炉顶板梁层吊装完成钢架达到承载条件后布置于炉顶；锅炉地面布置50t履带式起重机1台、50t汽车起重机1台作为配合机械。

4.2.2　2号锅炉吊装大型起重机布置

FZQ2000/80t圆筒塔式起重机1台，布置于锅炉扩建端。10～25m幅度时最大起重量80t，27m幅度时最大起重量65t，35m幅度时最大起重量42t，40m幅度时最大起重量32t。

CC2800-1/600t履带式起重机1台，SWSL（塔式超起）工况，布置于锅炉固定端。主臂长78m，副臂长36m。

50t汽车起重机2台、50履带式起重机1台作为配合机械，布置于锅炉炉膛0.0m地面。

4.3　1号锅炉顶板梁吊装就位

图2-8所示为1号锅炉顶板梁吊装平面图。

4.3.1　钢架缓装件

5.2层钢结构固定端F0、G0、H0、J0柱头及相应的柱间梁缓装。

4.3.2　吊装顺序

F下梁→F上梁→E下梁→E上梁→C下梁→C上梁→D下梁→D上梁。每件均由炉膛0.0m地面起吊。由于顶板梁长度均大于炉膛开档（41m），因此顶板梁需沿炉膛对角线方向起升。

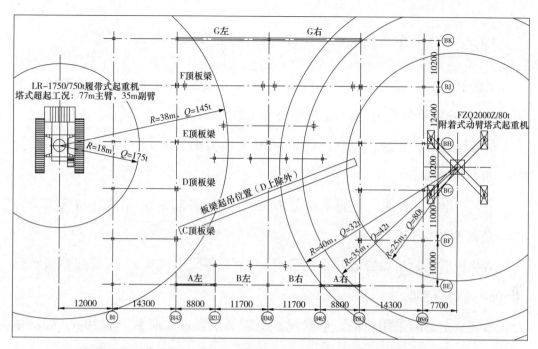

图2-8　浙江某1000MW工程1号锅炉顶板梁吊装平面图

4.3.3　顶板梁抬吊卸车

在炉膛外确认顶板梁方向正确后，平板车倒车将顶板梁从锅炉固定端的通道运进炉膛地面。顶板梁的卸车均由LR1750/750t履带式起重机和FZQ2000Z/80t塔式起重机双车抬吊完成。由于上、下梁均是竖立运输的，上梁卸车时采用厂家的装车吊耳，卸车吊点与就位吊点相同。下梁卸车时直接使用起吊吊耳。顶板梁卸车后搁置在炉膛内地面并在其底部垫道木支垫平稳。

4.3.4　顶板梁上梁抬吊翻身

下梁不需翻身，上梁需翻身180°。翻身主吊车使用750t履带式起重机和80t塔式起重机，吊点使用顶板梁厚翼板上的起吊吊耳。翻身需1台50t汽车起重机和1台50t履带式起重机做配合。配合吊车吊点布置在板梁的叠合面上，配合吊车吊2点（分别距板梁端部6m和12m），使用自制的吊耳（吊耳板用高强螺栓与叠合面连接）。

4.3.5 750t履带式起重机和80t附着式动臂塔式起重机负荷分配

吊装F梁时，履带式起重机负荷为88t（负荷率70%，不含吊钩重量，下同），塔式起重机负荷为54t（负荷率98%）。

吊装E梁时，履带式起重机负荷为90t（负荷率75%），塔式起重机负荷为65t（负荷率90%）。

吊装C梁时，履带式起重机负荷为65t（负荷率60%），塔式起重机负荷为45t（负荷率95%）。

吊装D下梁时，履带式起重机负荷为72t（负荷率60%），塔式起重机负荷为50t（负荷率85%）。

吊装D上梁时采用斜吊，塔式起重机端高出履带式起重机端20m，倾斜角度为28°，履带式起重机负荷为64t（负荷率60%），塔式起重机负荷为56t（负荷率95%）。

4.4　2号锅炉顶板梁吊装就位

4.4.1　吊装顺序

A梁左→A梁右→B梁左→B梁右→C下梁→C上梁→E下梁→E上梁→D下梁→D上梁→F下梁→F上梁→G梁左→G梁右。

4.4.2　顶板梁卸车

安装于炉左的A、B板梁由CC2800-1/600t履带式起重机在锅炉左侧卸车并做好吊装准备。安装于炉右的A、B板梁由FZQ2000/80t圆筒塔式起重机在锅炉右侧卸车并做好吊装准备。G板梁左、右均由CC2800-1t履带式起重机在锅炉后侧卸车并做好吊装准备。

C、D、E、F板梁上、下半均由平板车从锅炉扩建端的通道运进炉膛0.0m

地面，然后由CC2800-1/600t履带式起重机和FZQ2000/80t圆筒塔式起重机双车抬吊卸车。

4.4.3 顶板梁上梁抬吊翻身

下梁不需翻身，上梁需翻身180°。翻身使用FZQ2000/80t塔式起重机、CC2800-1履带式起重机和两台50t汽车起重机完成。两台50t汽车起重机站位在F、G排之间。翻身从炉后往炉前方向，翻身时要防止顶板梁突然倾倒、窜动，所以在翻身时要在板梁底部垫好道木，并用4个10t倒链做保险。顶板梁上梁翻身过程见图2-9所示。

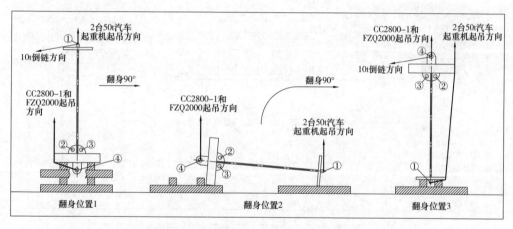

图2-9 顶板梁上梁翻身过程示意图

翻身位置1中，CC2800-1履带式起重机和FZQ2000塔式起重机吊钩拴在吊点④位置，2台50t汽车起重机吊钩拴在吊点①位置。2台汽车起重机在翻身过程中起保险作用，10t倒链打在吊点①上也是起到保险作用，防止产生冲击性载荷。当板梁翻转90°后，变成平躺状态，见示意图翻身位置2。

CC2800-1履带式起重机和FZQ2000塔式起重机吊点不变，2台50t汽车起重机吊点也不变，准备将板梁再次翻转90°。在这个过程中，2台50t汽车起重机起保险作用，10t倒链打在吊点④上也是起到保险作用，防止产生冲击性载荷。当板梁翻身180°后变成翻身位置3。2台50t汽车起重机、10t倒链均摘钩，CC2800-1履带式起重机和FZQ2000塔式起重机继续起钩将板梁抬吊就位。

4.4.4 顶板梁的吊装就位

板梁A左、板梁B左重量较轻（分别重2.724、6.573t），由CC2800-1履带式起重机吊装就位。板梁A右、板梁B右由FZQ2000圆筒塔式起重机吊装就位。板梁G左、右由CC2800-1履带式起重机吊装就位。

图2-10所示为2号锅炉顶板梁吊装平面图。

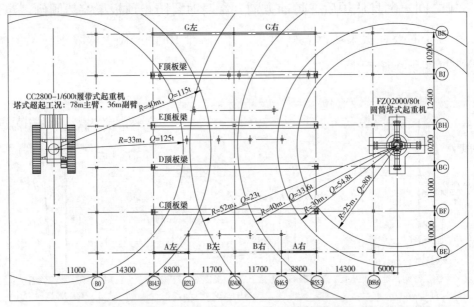

图2-10　浙江某1000MW工程2号锅炉顶板梁吊装平面图

C、D、E、F顶板梁共8件均由FZQ2000圆筒塔式起重机和CC2800-1履带式起重机抬吊完成，吊装就位时各项参数见表2-9。

表2-9　　　　　　　锅炉顶板梁C～F吊装就位时起重参数

吊车 \ 板梁		C板梁上、下	D板梁下	D板梁上	E板梁上、下	F板梁上、下
塔式起重机	R（m）	26.7	26.6	36.8	26.3	32.6
	r（m）	19.5	19.5	19.5	19.5	19.5
	Q（t）	44.8	45.1	36.4	62.4	45.5
	q（t）	70.0	70.5	43.4	72.4	53.1
	负荷率（%）	66.9	66.8	88.5	89.0	89.5

吊车\板梁		C板梁上、下	D板梁下	D板梁上	E板梁上、下	F板梁上、下
履带式起重机	R（m）	39.1	36.3	40.0	37.3	33.0
	r（m）	19.0	11.0	8.0	13.0	9.0
	Q（t）	62.7	79.9	88.6	93.6	98.5
	q（t）	100.7	110.8	115	119.4	125
	负荷率（%）	72.7	77.5	82.3	83.4	83.6

注 R 为吊车的工作半径；r 为吊点据大板梁中心的距离；Q 为吊车分担的负荷；q 为吊车此工况下的额度起重量。

第5节 其他1000MW机组工程Ⅱ型锅炉顶板梁吊装方案简介

5.1 天津某2×1000MW机组锅炉顶板梁吊装

5.1.1 设备概况

天津某2×1000MW机组的锅炉由哈尔滨锅炉厂制造，采用双切圆燃烧方式、Ⅱ型布置。钢架宽度为71.9m（1～10轴线），深度为71.3m（K1～K8排）。钢架K1～K6排间为锅炉主体部分，K6～K8排间为空气预热器和脱硝部分。顶板梁主梁3根，均为上下叠梁，吊装参数见表2-10。

表2-10　　　　天津某电厂锅炉顶板梁主要吊装参数

序号	板梁名称	数量	长×宽×高（mm）	重量（t）	结构形式
1	K2	1	42900×1200×7400	182	上下叠梁
2	K3	1	42900×1400×8000	250	上下叠梁
3	K4	1	42900×1800×8600	410	上下叠梁
4	K6	2	24260×960×3800	96	左右单梁

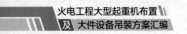

5.1.2 吊装机械布置

主吊机械为SCC9000/900t履带式起重机1台,吊装顶板梁时布置在炉后。ZSC70240/80t附着式平臂塔式起重机1台(臂长70m),布置在炉右。QUY250/250t履带式起重机、50t履带式起重机、50t汽车起重机各1台作为辅助吊车,协助进行板梁的卸车、翻身等。

5.1.3 顶板梁的吊装就位

顶板梁进场后在炉后位置卸车并做起吊准备。

顶板梁吊装顺序:K2下梁→K3下梁→K2上梁→K3上梁→K4下梁→K4上梁→K6左梁→K6右梁。

K2顶板梁上、下半,K3顶板梁上、下半,K6左侧顶板梁均由SCC9000/900t履带式起重机站位于炉后单车吊装就位。SCC9000履带式起重机选用超起塔式工况,主臂72m+副臂54m。

K6右侧顶板梁由ZSC70240/80t附着式平臂塔式起重机单车吊装就位。

K4顶板梁上、下半由SCC9000履带式起重机和ZSC70240附着式平臂塔式起重机双车抬吊就位。

5.1.4 K4顶板梁吊装就位时吊车工况

SCC9000履带式起重机选用超起塔式工况,主臂72m+副臂54m,主臂仰角85°,超起配重280t、后配重250t、中心压重80t。吊装时工作半径31m,额定起重量236.5t。分担顶板梁重量170t,吊钩、钢丝绳、脚手架重量共28t,负荷率84%。

ZSC70240/80t塔式起重机,吊装时工作半径37m,额定起重量52.5t。分担顶板梁重量35t,负荷率66.7%。

5.2 广东某1000MW机组锅炉顶板梁吊装

5.2.1 设备概况

广东某1000MW机组的锅炉为哈尔滨锅炉厂生产的超超临界二次再热Π型锅炉。单根顶板梁最大重量220t。C、D、E顶板梁上顶面高度95.0m，F顶板梁上顶面高度95.1m。顶板梁的外形尺寸和重量见表2-11。

表2-11　　　　　　　　广东某电厂锅炉顶板梁外形尺寸和重量

序号	板梁名称	数量	长×宽×高（mm）	叠梁单重（t）	总重量（t）
1	C板梁上半	1	42040×1350×3900	112.862	238.020
2	C板梁下半	1	42040×1350×3900	111.832	
3	D板梁上半	1	42040×1350×3900	125.442	265.622
4	D板梁下半	1	42040×1350×3900	124.395	
5	E板梁上半	1	42240×1700×3900	169.944	355.337
6	E板梁下半	1	42240×1700×3900	171.276	
7	F板梁上半	1	42240×1950×4000	220.607	448.210
8	F板梁下半	1	42240×1950×4000	216.276	

5.2.2 吊装机械布置

顶板梁采用双机抬吊的方式就位。锅炉左侧布置1台QTZ2500/140t附着式动臂塔式起重机。SCC16000/1600t履带式起重机布置于锅炉后部，选用114m主臂，120t超起配重工况。

5.2.3 顶板梁的吊装就位

顶板梁进场后在炉后位置卸车、翻身、起吊。对妨碍SCC16000履带式起重机进入锅炉钢架内吊装作业的构件需缓装，待顶板梁E吊装完成后吊装缓装的构件。

顶板梁吊装顺序：C下梁→C上梁→D下梁→D上梁→E下梁→E上梁→F下梁→F上梁。

5.2.4　F顶板梁上梁吊装就位时吊车工况

SCC16000/1600t履带式起重机吊点距离顶板梁中心5.3m，分配负荷172.5t。考虑附加重量5t、风载荷1.5t、吊钩重量10.5t，总负荷189.5t。履带式起重机作业半径28m，120t超起配重，起重能力258t。履带式起重机负荷率73.4%。

QTZ2500/140t塔式起重机吊点距离顶板梁中心19m，分配负荷48.1t。考虑附加重量、风载荷3t，总负荷51.1t。塔式起重机作业半径30m，起重能力64t。塔式起重机负荷率79.9%。

5.3　苏中某1000MW机组锅炉顶板梁吊装

1号炉K3上梁（2号炉K4上梁）由两台吊车抬吊至炉顶预先放置在K4和K5板梁（2号炉为K5、K6）之间的支撑梁上，待其下半就位后再抬吊就位。

5.3.1　设备概况

苏中某1000MW机组的锅炉由哈尔滨锅炉厂制造，采用双切圆燃烧方式、Ⅱ型布置。锅炉钢架宽69.6m、深77.4m，顶板梁顶标高89m。K3～K6顶板梁为叠梁，最重件K5板梁下半重153t，外形尺寸（长×宽×高）为42.19m×1.6m×3.9m。

5.3.2　吊装机械布置

1号锅炉左侧布置1台FZQ2400/100t附着式动臂塔式起重机，右侧布置1台CC2800-1/600t履带式起重机。

2号锅炉左侧布置1台CC5800/1000t履带式起重机，右侧布置1台FZQ2400/100t附着式动臂塔式起重机，距离B69.6轴线7m。

5.3.3　1号锅炉顶板梁吊装就位

1号锅炉选择K6→K5→K4→K3的吊装顺序，单件叠梁自炉膛0.0m地面由CC2800-1型履带式起重机和FZQ2400塔式起重机抬吊就位。K3上板梁在K3下板梁吊装前预先放置在K4和K5板梁之间的支撑梁上，待K3下板梁吊装就位后再将K3上板梁正式吊装就位。

K3下、K4下、K5下、K6下板梁起吊/就位时FZQ2400塔式起重机负荷率分别为64.5%/78.7%、74.5%/59%、71.3%/71.3%、77%/65.3%；CC2800-1履带式起重机负荷率分别为77.5%/68.9%、64%/63%、76.5%/72.7%、78.1%/77%。

5.3.4　2号锅炉顶板梁吊装就位

2号锅炉选择K6→K5→K3→K4的吊装顺序，单件叠梁自炉膛0.0m地面由CC5800型履带式起重机和FZQ2400塔式起重机抬吊就位。K4上板梁在K4下板梁吊装前预先放置在K5和K6板梁之间紧靠K5板梁的次梁上，待K4下板梁吊装就位后再将K4上板梁正式吊装就位。

K3下、K4下、K5下、K6下板梁起吊/就位时FZQ2400塔式起重机负荷率分别为70.9%/67.6%、78.7%/61%、79.4%/72.7%、78.9%/74.9%；CC5800履带式起重机负荷率分别为52.5%/56.4%、57%/57.8%、77.3%/74.8%、75.7%/75.8%。

5.4 浙江某2×1000MW机组锅炉顶板梁吊装

5.4.1　设备概况

浙江某2×1000MW机组工程锅炉由东方锅炉厂制造，采用前后墙对冲燃烧方式，Ⅱ型布置，炉宽70.0m、深74.8m，顶板梁顶标高85.9m。K2、K3、K4顶板梁为叠梁，最重件K4上梁重160t，外形尺寸（长×宽×高）为42.19m×1.6m×3.9m。

5.4.2 吊装机械布置

7号锅炉左侧布置1台DBQ4000/125t轨道式塔式起重机，轨道与锅炉中心线平行。塔式起重机选择主臂69.2m、副臂51m工况，作业半径30～58m、额定起重量为69.7～14.8t。

CKE7650/650t履带式起重机1台，站位于两炉间集控楼后侧。履带式起重机选择主臂66m、副臂54m工况，作业半径22～54m、额定起重量为112.1～48.0t。

5.4.3 锅炉顶板梁吊装就位

7号锅炉顶板梁选择K2→K3→K4→K5的吊装顺序。K2下、K2上、K3下板梁自炉膛内0.0m地面起吊，K3上、K4下、K4上、K5板梁自炉后地面起吊。各件板梁吊装均采用DBQ4000塔式起重机和CKE7650履带式起重机抬吊就位。

第6节 1000MW机组塔式锅炉钢架及顶板梁吊装 （筒式框架结构）

塔式锅炉相对于Ⅱ型锅炉在我国的占有量较少，但近些年投建的工程较多采用了此炉型。上海外高桥二期900MW超临界机组和三期1000MW超超临界机组在我国是较早采用塔式锅炉的工程。

上海锅炉厂早期生产的百万千瓦级超超临界机组塔式锅炉，钢结构为露天布置、独立式全钢结构，主要由主钢架、辅钢架、后部预热器脱硝钢架三大部分构成。由于主钢架由四根大规格箱型截面立柱支撑，所以某些文章将这种结构形式称为筒式框架结构钢架（也有文章称其为巨型框桁架结构钢架）。

筒式框架结构钢架的构件尺寸大、重量重，制造、安装难度大，精度要求高。后期生产的百万千瓦级塔式锅炉钢架逐步采用了桁架式结构。桁架式结构钢架不再被分为主钢架、辅钢架、预热器脱硝钢架等部分，而是一个整体结构。

6.1 锅炉钢架结构概况

某工程锅炉钢架由主钢架、辅钢架及平台扶梯、后部预热器脱硝钢架三大部分构成。主钢架由4根断面尺寸为2.5m×2.5m箱体结构的主立柱及K字形横梁斜撑构成。主立柱纵向（前后）中心间距31.5m，横向（左右）中心间距30.5m，柱顶标高121.19m。单根立柱上下分为8节，其中最重件103t。主横梁共5层20件，最重件为102.4t。主斜撑均为八字布置，共40件，最重件50.2t。主钢架主要承载炉顶顶板梁及悬吊在顶板梁上的受压部件和刚性梁等。

顶板梁顶标高127.56m，共2根。单根顶板梁总重350t，由中间上部3件、中间下部2件、端板2件、炉前悬挑部分、炉后悬挑部分共9个构件组成，单个构件最重56t。顶板梁之间由次梁连接，次梁共10根，单个构件最重65t。炉顶构件共重1385t。

6.2 锅炉主要吊装机械的选择和布置

筒式框架结构塔式锅炉主吊机械的选择布置主要有两种方案。一种方案是在主钢架吊装阶段在炉膛中部布置一台塔式起重机，塔式起重机的起重能力能够满足主立柱、板梁等大件的吊装，当板梁等钢架大件吊装完成后将此台塔式起重机移出并布置在钢架外侧，完成锅炉后续的吊装任务。另一种方案是在锅炉钢架两侧各布置一台塔式起重机，起重能力（单吊或抬吊）应能满足主立柱、板梁等大件的吊装，这两台塔式起重机在锅炉吊装任务完成后拆除。

6.2.1 布置方案一（炉膛中部塔式起重机方案）

吊装机械选用M1280D/140t、QTP1350/50t塔式起重机及LR1280/280t、KH700/150t、7150/150t、KH180/50t履带式起重机。

1. 锅炉主钢架吊装阶段吊装机械的选择和布置

M1280D/140t附着式动臂塔式起重机作为主吊机械布置在炉膛中部，中心位于F排向炉后偏3259mm、锅炉纵向中心线向右偏2000mm，主臂选用36.6m长度。塔式起重机随钢架的增高自行顶升，分别附着于主钢架标高49.990、70.490m和100.390m的G排横梁上。LR1280/280t履带式起重机配合进行主钢架构件的卸车、翻身和抬吊。

QTP1350/50t附着式动臂塔式起重机布置在锅炉左侧，中心距离辅钢架边柱中心7m，主臂长50m，负责炉左侧辅钢架的吊装。LR1280/280t履带式起重机布置于炉后左侧，协助QTP1350/50t塔式起重机进行左侧辅钢架的吊装。

7150/150t履带式起重机主要负责在M1280D/140t塔式起重机尚未从炉膛内移出前，右侧40m以下辅钢架的吊装。KH180/50t履带式起重机和TR-600EXL/60t汽车起重机配合进行小构件的卸车、倒运。

主钢架吊装阶段吊装机械布置见图2-11。

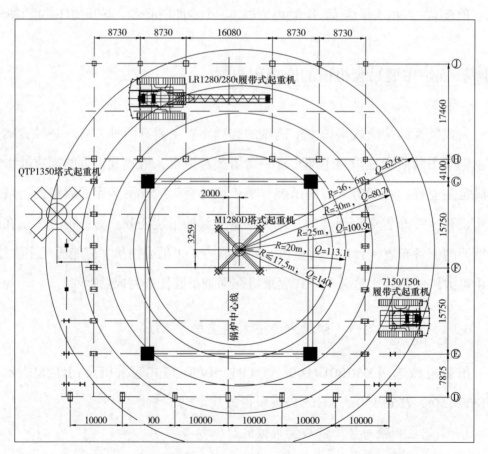

图2-11 塔式锅炉主钢架吊装阶段吊装机械布置平面图

2．锅炉主钢架吊装完成后吊装机械的布置

主钢架吊装完成后，M1280D/140t塔式起重机由炉膛内移出布置于锅炉右侧（固定端），中心距离辅钢架边柱中心7m。QTP1350/50t塔式起重机布置在锅炉左侧（扩建端），位置不变。两台塔式起重机随着辅钢架的升高而顶升。M1280D/140t塔式起重机附着于辅钢架标高49.99、70.49、100.39m的刚性平面，QTP1350/50t塔式起重机附着于辅钢架标高23.69、50.49、71.0、94.0m的刚性平面。

主钢架安装完成后，在主钢架顶部布置1台7150/150t履带式起重机，选用36.58m主臂，用以完成M1280D的拆除以及最后1根次梁的吊装，并配合炉内组件的吊装工作。KH700/150t履带式起重机布置于炉后，负责进行构件的卸车、倒运，配合进行吊装工作。

主钢架吊装完成后吊装机械布置见图2-12。

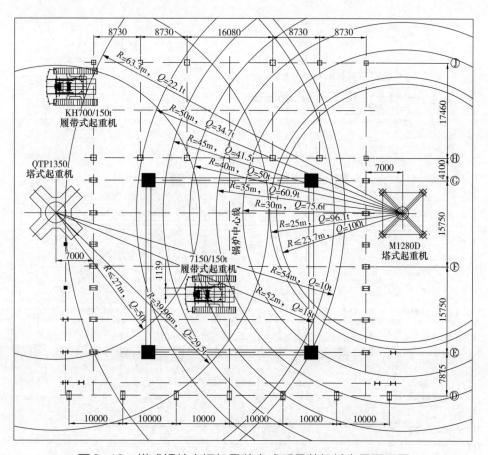

图2-12　塔式锅炉主钢架吊装完成后吊装机械布置平面图

6.2.2 布置方案二（塔式起重机两侧布置方案）

锅炉两侧各布置一台FZQ2400/100t附着式动臂塔式起重机，中心与炉膛横向中心线对齐，距离辅助钢架边柱中心6m。塔式起重机臂长50m，最大起重能力100t，最大工作半径50m时起重能力32.5t。两台塔式起重机随着主钢架或辅助钢架的安装而顶升，附着于主钢架或辅助钢架（标高22.00m、49.50m、70.00m、99.90m层）的刚性平面上。两台塔式起重机最终塔身高度顶升至130m，此时回转机台高于锅炉最高点，吊车可自由回转。

锅炉后侧布置一台LR1400/400t履带式起重机，锅炉底部布置一台250t履带式起重机，两台履带式起重机配合进行辅钢架及受热面设备等的吊装。

塔式锅炉双侧塔式起重机布置方案见图2-13。

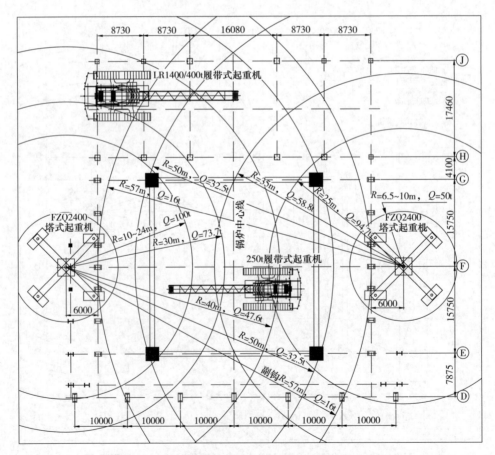

图2-13 塔式锅炉双侧塔式起重机布置方案平面图

6.3 锅炉主钢架吊装

主钢架逐层吊装、逐层找正、逐层验收。主钢架整体验收后才能进行顶板梁的吊装工作。

6.3.1 主立柱吊装

主立柱由厂区道路运输至炉后区域,由布置于炉后的履带式起重机卸车并将其放置于两个支墩座上。主立柱吊装前先在其上、下两端安装吊装专用吊具。用主塔式起重机作为主吊机械,炉后的履带式起重机为辅助吊装机械进行抬吊。抬吊过程中吊车动作要缓慢,辅吊车要配合主吊车动作,抬吊至一定高度时,辅吊车缓慢回钩,主吊车缓慢起升,慢慢将主立柱竖直。当主立柱处于竖直状态后辅助吊车摘钩并拆除下部的吊装专用吊具。主吊车缓慢地再次提升主立柱,移动至安装位置后缓缓就位。就位后吊装专用吊具暂不拆除。主立柱吊装专用吊具见图2-14。

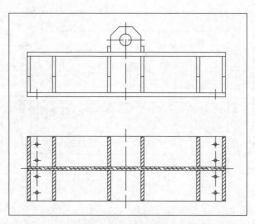

图2-14 主立柱吊装专用吊具示意图

6.3.2 主横梁吊装

主横梁卸车、翻身(两台或三台吊车协作)后放置在支墩座上,在横梁两端搭设穿装工具和高强螺栓的脚手架，并在横梁上拉设水平安全绳（或搭设脚手架）。

由于主横梁与主立柱是法兰式连接，结合面没有间隙，只能靠主横梁的自身重量克服结合面的摩擦力由上向下逐步就位。横梁吊装就位的过程中要通过绑扎在横梁上的拖拉绳随时调整横梁，使其以正确的姿态提升到主立柱的上方。横梁就位时从两主立柱顶部向下插入，为减少卡涩程度，在横梁吊装之前可将其结合面下棱边打磨成适宜的倒角。

横梁两端各放入一只千斤顶，将千斤顶一端顶在横梁法兰上（千斤顶与法兰面间要垫木板），另一端顶在立柱上的吊装专用吊具上，支开主立柱后将横梁松下。在顶开的过程中为了防止千斤顶弹出，千斤顶尾部要与专用吊具连接牢固。注意顶开的过程中塔式起重机不能随意动作，保持提升受力状态。顶开一定间隙后千斤顶稍微回力，吊钩微松，靠横梁自重下滑。就位的过程中注意保持横梁中心位置正确，以免到位后螺栓无法顺利穿装。主横梁吊装示意见图2-15。

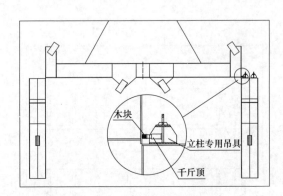

图2-15 主横梁吊装示意图

6.3.3 斜撑吊装

由于斜撑呈人字形且在主横梁的下方，所以斜撑吊装使用专用的"C"形吊架（见图2-16）。"C"形吊架下面的钢丝绳长度要与主横梁下边缘至斜撑吊点间距离相匹配。由于每层横梁的高低间距不同，所以要配备不同长度的钢丝绳。

图2-16 斜撑吊装专用"C"形吊架实物照片

6.4 锅炉顶板梁吊装

6.4.1 顶板梁设备概况

锅炉顶板梁共2根，均搁置在锅炉第五层炉前和炉后的两根横梁上，按照炉前到炉后方向布置。板梁为叠梁形式，下梁分左右两件，上梁分3段，在炉前、炉后各1件悬挑梁，加上两块端板，每根顶板梁共9件。两根顶板梁间通过9根次梁以及E轴和G轴上的炉顶支撑桁架构成完整的框架体系，用于承受悬吊锅炉荷载。顶板梁外形尺寸、重量见表2-12。

表2-12 塔式锅炉顶板梁外形尺寸、重量（单根）

序号	部件名称	数量	外形尺寸：长×宽×高（mm）	重量（t）
1	下部Ⅰ	1	31500×600×3500	52.916
2	下部Ⅱ	1	31500×600×3500	52.754
3	上部前	1	10334.5×800×3750	55.145
4	上部中	1	10831×800×3750	51.639
5	上部后	1	10334.5×800×3750	54.456

续表

序号	部件名称	数量	外形尺寸：长×宽×高（mm）	重量（t）
6	前端板	1	1800（宽）×180（厚）×6370（高）	15.391
7	后端板	1	1800（宽）×180（厚）×6370（高）	15.391
8	前挑梁	1	7875×800×3750	27.521
9	后挑梁	1	8980×800×3750	30.282

6.4.2 顶板梁吊装方案一

顶板梁及9根次梁的吊装由M1280D/140t塔式起重机完成。炉顶后续布置的150t履带式起重机作为拆除M1280D/140t塔式起重机的主吊车，且负责吊装M1280D/140t塔式起重机位置缓装的1根炉顶次梁。顶板梁层吊装完成后150t履带式起重机参加加热面的吊装。根据大板梁的结构特点，将下梁的左、右两件组合为一个整体吊装就位。吊装顺序为先吊装下梁组合件，安装端板及临时撑杆，吊装两板梁间垂直桁架组合件，吊装上梁3个部件，最后吊装顶板梁的前、后悬挑梁。顶板梁的组合见图2-17。

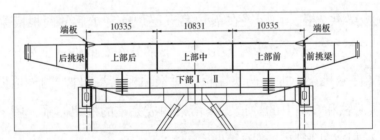

图2-17 顶板梁组合立面图

下梁组件就位时，需预先在就位位置放置4组调整垫铁，将下部组件放在垫铁上，再用斜支撑临时固定在侧面的横梁上。临时支撑在炉顶钢架全部安装完成以后方可拆除。在顶板梁支座端板与顶板梁下部安装就位后，安装在轴线E和G上与顶板梁支座端板连接的顶板梁支撑桁架（各一榀）。此桁架用于保证顶板梁的整体稳定性。

在完成左右顶板梁下部组件就位后，再分别安装各自上部的三段构件。

顶板梁的上部构件（每根顶板梁3件）吊装就位并用高强度螺栓与端板和顶板梁下部连接。在吊装上部的最后1段时，可能需要将顶板梁端板与顶板梁下部组件的螺栓临时松开，使上部最后1段构件能顺利就位。组装上下叠合面的时候先用销钉在相邻的若干区域穿孔定位。叠合面高强螺栓的终紧应按照从中间向两侧的顺序进行。顶板梁上部构件与支座端板连接只需要少量的临时螺栓，之后安装悬挑梁时需要先拆除这些临时螺栓。

最后安装四根悬挑梁。所有构件均从炉后起吊。两根顶板梁的所有构件及两端的桁架吊装完成，紧固高强螺栓，拆除下梁上的临时斜支撑。最后用200t液压千斤顶在整体框架的四个角将其顶起，移去各点的临时调整垫铁，再将顶板梁整体放下，此时顶板梁只通过端板支撑在顶层横梁上。

图2-18为顶板梁层吊装平面图。

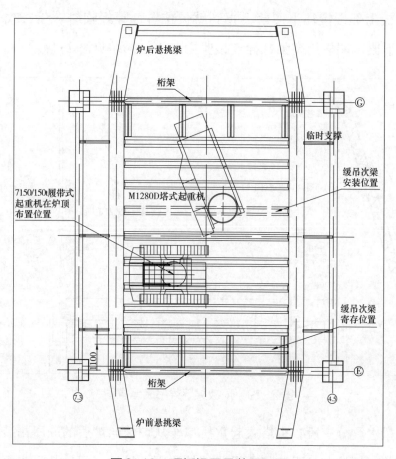

图2-18 顶板梁层吊装平面图

6.4.3 顶板梁吊装方案二

顶板梁下梁吊装采用近侧的100t附着式动臂塔式起重机吊装，另一侧（远侧）的100t附着式动臂塔式起重机和位于炉后的400t履带式起重机配合吊装。

先将炉前侧端板用另一侧100t塔式起重机吊装至安装位置，通过预先设置的临时构件对其做支撑加固（此时塔式起重机不松钩）。近侧100t塔式起重机吊装单片下梁向端板靠拢，用临时高强螺栓、过眼冲将两者连接固定，调整板梁水平度。使用400t履带式起重机将炉后侧端板吊装到安装位置（此时履带式起重机不松钩）并向下梁靠拢，用同样方法将两者连接固定。当第一片下梁吊装就位后，需用手拉葫芦拉好揽风绳，做好临时固定。顶板梁内侧下梁由端板上部慢慢往下回落，直到就位位置，穿好临时螺栓，找平、找正后，两片下梁、端板用高强螺栓连接紧固。下梁吊装见图2-19。

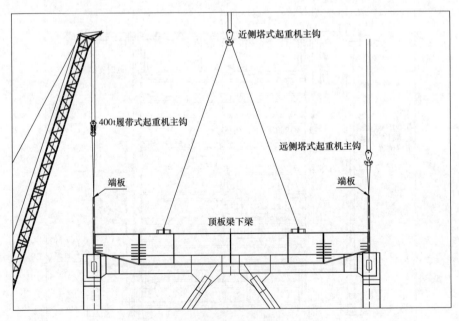

图2-19 顶板梁下梁吊装示意图

顶板梁上梁分三段，由塔式起重机单车从炉前向炉后的顺序吊装，每段吊装后先用临时螺栓和过眼冲将叠梁连接处紧固。最后一根吊装时先复测间隙是否满足要求，如果就位空间偏小，需要用千斤顶将端板顶开一定空隙，这样就可以靠梁的自重下落就位。

悬挑梁与大板梁上梁、端板为公用螺栓以一穿三的方式连接，先用临时螺栓及过眼冲固定，整体找正结束后更换成正式高强螺栓。

6.4.4　顶板梁吊装方案三

1. 大型起重机布置

MK2500/140t附着式动臂塔式起重机布置在炉膛纵向中心线上，距离炉膛横向中心偏后3250mm。MK2500塔式起重机使用36.6m主臂，最大作业半径35m时起重量66.3t，6.5～17.5m作业半径时起重量140t。顶板梁层吊装结束后移至炉右外侧，主臂长度使用64.2m。

FZQ1250/50t塔式起重机布置在炉左外侧，中心距离辅助钢架边柱中心6.5m。FZQ1250塔式起重机使用60m主臂，最大作业半径52m时起重量18t，27m作业半径时起重量50t。

M18000/750t履带式起重机布置在锅炉右外侧12.5m处，使用塔式工况，主臂长85.3m，副臂长51.8m。CC600/140t履带式起重机布置在炉后右侧，主臂长30m。KH180/50t履带式起重机布置在炉后左侧，主臂长19m。

主钢架吊装阶段起重机布置见图2-20。

2. 基础划线及临时垫铁安装

根据安装图纸，在第5层主钢架前后主横梁上划出两侧板梁及端板的安装位置。在每片下梁前后端对应横梁的顶部布置规格为280mm×200mm×110/72mm的垫铁各一组，共8组。垫铁位于下梁中心线上且距端部50mm。

3. 下梁组合、安装

顶板梁由M18000履带式起重机在炉后卸车。每片下梁由MK2500塔式起重机、CC600履带式起重机和KH180履带式起重机配合将其竖起。竖起后的两片下梁放置在路基板上找平找正，然后用两下梁之间的5块连接板将下梁组合成一个整体。在下梁组合件上搭设施工脚手架。下梁组合件加脚手架、吊具、钢

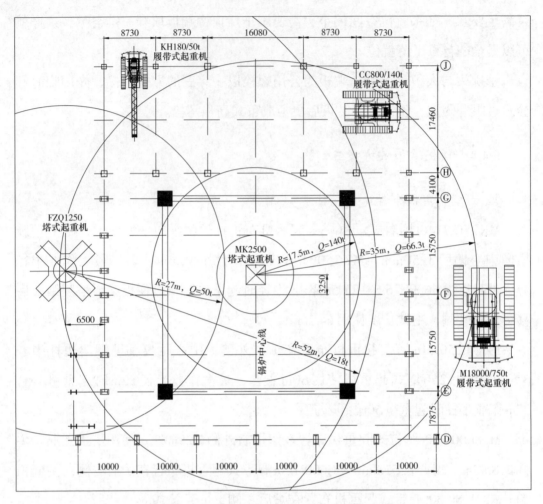

图2-20　主钢架吊装阶段起重机布置平面图

丝绳等总起吊重量为120.08t。

　　下梁组合件的吊装就位由MK2500塔式起重机单车完成，由炉后起吊。起吊时塔式起重机工作幅度17.5m，就位时工作幅度11.3m。下梁就位后随即用斜支撑临时固定在侧面的横梁上。安装板梁前后的端板和两顶板梁间的支撑桁架。每件支撑桁架在地面组合为整体后吊装就位。顶板梁下梁吊装场景见图2-21。

　　4．顶板梁上梁及悬挑梁的安装

　　每侧顶板梁上梁的3段由MK2500塔式起重机单车由前向后吊装就位。最后一段上梁吊装就位时如间隙偏小，可将端板与下梁间的螺栓临时松开，在下梁

图2-21 顶板梁下梁吊装场景

顶部用千斤顶将端板顶开一定间隙，然后使上梁依靠自重回落就位。

顶板梁的前、后悬挑梁共4件，由MK2500塔式起重机吊装就位。

5. 拆除临时垫铁，顶板梁组合体就位

紧固两根顶板梁上的所有高强螺栓，此时两根顶板梁已由前、后端的支撑桁架连接成一个整体。在每个放置临时垫铁的点位放置100t千斤顶，将整体框架的前、后端依次顶起，拆除临时垫铁，回落顶板梁。最终顶板梁的两端通过端板坐落在钢架第5层横梁上。

6. 次梁吊装

9根次梁按照从炉前到炉后的顺序依次吊装就位。第1、2、3、9根次梁由MK2500塔式起重机单车吊装就位。第5、7、8根次梁由于受塔式起重机最小幅度的限制改由MK2500塔式起重机和FZQ1250简吊双车抬吊就位。第6根次梁待MK2500塔式起重机拆除后再吊装就位。

第7节 山东某超超临界二次再热塔式锅炉顶板梁吊装

7.1 设备概况

山东某百万千瓦机组扩建工程建设 2×1000MW 超超临界二次再热机组，锅炉为哈尔滨锅炉厂生产的超超临界参数变压运行、单炉膛、全悬吊结构塔式炉。锅炉由前至后分为 BF~BN 共 8 排，总深度 66m；锅炉宽度方向分为 B0~B52.4 共 7 轴，总宽度 52.4m。在锅炉 BF、BJ 排两个轴线共布置 4 根主钢架立柱，6 层主横梁。

顶板梁层两根主梁前后方向布置于 BF、BJ 排上的顶板梁支撑梁上，支撑梁顶部标高 136.5m，顶板梁顶面标高 147.575m。每根主梁重 643.356t，为"Π"形结构三层叠梁，高度 10.975m。主梁主体分为 7 个部分，通过两端端板放置于支撑梁上部的垫板上。

7.2 锅炉吊装大型起重机布置

7.2.1 1号锅炉吊装大型起重机布置

选用 2 台动臂塔式起重机分别布置于炉膛内、炉后。两台主起重机的布置见图 2-22。

炉后布置 1 台 FZQ2200B/120t 附着式动臂塔式起重机，位于锅炉纵向中心线上、BJ 排中心线后 7.5m 处，塔身高度 158m。

炉膛内布置 1 台 FHFZQ1700/150t 附着式动臂塔式起重机，位于锅炉纵向中心线上、BF 排中心线后 7.5m 处，塔身高度 160m。

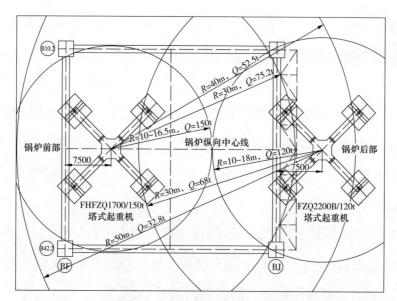

图2-22   山东某1000MW工程1号锅炉主起重机布置平面图

锅炉顶板梁层主梁及部分次梁吊装完成后，用FZQ2200B塔式起重机拆除FHFZQ1700塔式起重机并将其移至炉外侧，然后吊装缓装的次梁。由FHFZQ1700塔式起重机拆除FZQ2200B塔式起重机，FZQ2200B塔式起重机退场。

7.2.2   2号锅炉吊装大型起重机布置

在炉膛中心布置1台MD3600/160t附着式平臂塔式起重机，作为主力塔式起重机进行锅炉钢架的吊装。锅炉左侧布置1台ST80/80t附着式平头塔式起重机，用于MD3600塔式起重机变工况及锅炉其他设备吊装。

7.3 1号锅炉钢架及顶板梁吊装

FHFZQ1700塔式起重机的变工况：在吊装完成锅炉主钢架第2层至第5层第二段后，将FHFZQ1700塔式起重机的主臂由50m臂长调整为30m臂长，然后完成最后一段主钢架及顶板梁层的吊装任务。

炉后Y型立柱的吊装：炉后的Y型立柱单件重144t，无法使用FHFZQ1700或FZQ2200B单车吊装就位，故采取双车抬吊就位的方案。因Y型立柱截面为

2.5m×2.5m，两台吊车无法直接进行抬吊，因此使用1根10m长的吊装扁担配合完成立柱的抬吊。吊装场景见图2-23。

主梁吊装顺序：炉右底层2部分板梁组合吊装→炉右板梁两侧端板吊装→炉右中间层2部分板梁吊装→炉右顶层3部分板梁吊装→炉左底层2部分板梁组合吊装→炉左板梁两侧端板吊装→炉左中间层2部分板梁吊装→炉左顶层3部分板梁吊装→板梁找正、螺栓紧固、验收→炉顶钢结构及其余杆件吊装。

主梁吊装方案简述：

主梁包括7件叠梁和2件端板。每件主梁底层左右两部分在炉膛0.0m地面组合，然后使用FHFZQ1700/150t塔式起重机和FZQ2200B/120t塔式起重机抬吊就位。图2-24为主梁底层组件由炉膛地面起吊场景。

主梁其余7件使用FHFZQ1700塔式起重机或FZQ2200B塔式起重机单车吊装就位。图2-25所示为主梁顶层端部构件吊装场景。

图2-23 两台塔式起重机抬吊Y型立柱场景

图2-24　主梁底层组件由炉膛地面起吊场景

图2-25　主梁顶层吊装场景

顶板梁层主梁各部件吊装方式见表2-13。

表2-13 顶板梁主梁吊装一栏表

序号	部件名称	长×高×宽（mm）	重量（t）	吊装方式
1	主梁底层内侧件	34100×3500×1200	119.545	双车抬吊组合体含连接附件
	主梁底层外侧件	34100×3500×500	58.297	
	组合件	34100×3500×2400	181.932	
2	主梁中间层内侧件	34100×3550×950	78.861	FZQ1700单车吊装
3	主梁中间层外侧件	34100×3550×700	52.055	FZQ1700单车吊装
4	主梁顶层前段	9090×3750×2400	66.483	FZQ1700单车吊装
5	主梁顶层中段	14170×3750×2400	101.468	FZQ1700单车吊装
6	主梁顶层后段	10840×3750×2400	79.356	FZQ2200B单车吊装
7	炉前端板	10900×3750×2400	48.642	FZQ1700单车吊装
8	炉后端板	10900×3750×2400	48.642	FZQ2200B单车吊装

7.4 2号锅炉钢架及顶板梁吊装

第一层主钢架的吊装由260t履带式起重机完成。第2～4层主钢架由布置在炉膛内的MD3600/160t塔式起重机完成吊装，此阶段使用40m主臂长度。在炉左侧布置的1台ST80/80t塔式起重机投用，使用ST80塔式起重机（80m主臂）将MD3600塔式起重机主臂由40m臂长调整为30m臂长。MD3600塔式起重机继续完成第5层3段主立柱及主板梁的吊装，然后使用ST80塔式起重机将其拆除并退场。

第8节 1000MW机组塔式锅炉钢架及顶板梁吊装（绗架结构）

8.1 设备概况及顶板梁吊装顺序

某工程4号锅炉为上海锅炉厂生产的超超临界参数、二次再热、单炉膛、直流、塔式锅炉。顶板梁顶标高为131.9m，顶板梁及次梁总重为1285.5t。

顶板梁采用FZQ2400/100t、FZQ1380/63t附着式动臂塔式起重机配合吊装。下叠梁采用吊具吊装，上叠梁及次梁由制造厂设计并提供的吊具在指定位置吊装。吊装吊具为可重复使用的螺栓连接结构，连接螺栓直接使用板梁原配的螺栓。顶板梁层主要包括大板梁、次梁及其他连接结构组成，炉顶主要部件的参数及吊装顺序见表2-14。

表2-14　　　　　　　　　炉顶主要部件参数及吊装顺序

吊装顺序	部件名称	外形尺寸（mm）	数量	重量（kg）	备注
1	K2顶板梁下梁后	H3250×400×50×30350	1	50801	抬吊
	K2顶板梁端板左	7693	1	15920.7	与板梁连接
	K2顶板梁端板右	7693	1	15920.7	与板梁连接
2	K2顶板梁下梁前	H3250×400×50×30350	1	50801	抬吊
3	K2顶板梁上梁左	H3750×1600×50×9400	1	51949	抬吊
4	K2顶板梁上梁中	H3750×1600×50×11550	1	49971.4	FZQ2400单吊
5	K2顶板梁上梁右	H3750×1600×50×9400	1	51949	FZQ2400单吊
6	侧墙次梁	H3750×1200×30×8543	1	31476.1	FZQ1380单吊
7	侧墙次梁	H3750×1200×30×8543	1	31476.1	FZQ2400单吊
8	K1次梁	H3100×600×40×10082	1	16275.1	单吊
9	K3顶板梁下梁后	H3250×400×50×30350	1	50801	抬吊
	K3顶板梁端板左	7693	1	15920.7	与板梁连接
	K3顶板梁端板右	7693	1	15920.7	与板梁连接
10	K3顶板梁下梁前	H3250×400×50×30350	1	50801	抬吊

续表

吊装顺序	部件名称	外形尺寸（mm）	数量	重量（kg）	备注
11	K3 顶板梁上梁左	H3750×1600×50×9400	1	51949	FZQ1380 单吊
12	K3 顶板梁上梁中	H3750×1600×50×11550	1	49971.4	FZQ2400 单吊
13	K3 顶板梁上梁右	H3750×1600×50×9400	1	51949	FZQ2400 单吊
14	侧墙次梁	H3750×1200×30×8443	1	33017.3	FZQ1380 单吊
15	侧墙次梁	H3750×1200×30×8443	1	33017.3	FZQ2400 单吊
16	K4 次梁	H600×500×30×9267	2	10707.3	单吊
17	侧墙次梁	H3750×1200×30×11740	1	43648.9	FZQ1380 单吊
18	侧墙次梁	H3750×1200×30×11740	1	43648.9	FZQ2400 单吊
19	前墙次梁	H3750×1200×30×20240	1	69681	抬吊
20	悬吊管次梁	H2950×1000×25×20260	1	47136.1	FZQ2400 单吊
21	悬吊管次梁	H2950×1000×25×20260	1	47239.4	FZQ2400 单吊
22	悬吊管次梁	H2950×1000×25×20260	1	47247.5	FZQ2400 单吊
23	悬吊管次梁	H2950×1000×25×20260	1	47341.5	FZQ2400 单吊
24	悬吊管次梁	H2950×1000×25×20260	1	47136.1	FZQ2400 单吊
25	后墙次梁	H2950×1200×30×20240	1	69604.2	抬吊

8.2 锅炉吊装大型起重机布置

FZQ1380/63t 附着式动臂塔式起重机 1 台，布置于炉左侧，其纵向中心线距锅炉外侧柱轴线 6.0m，横向中心线位于炉膛横向中心线后 7.0m。

FZQ2400/100t 附着式动臂塔式起重机 1 台，布置于炉右侧，其纵向中心线距锅炉外侧柱轴线 7.0m，横向中心线位于炉膛横向中心线后 2.7m。

1 台 150t 履带式起重机负责锅炉构件的卸车并配合主吊车完成板梁的翻身工作。

塔式起重机布置见图 2-26。

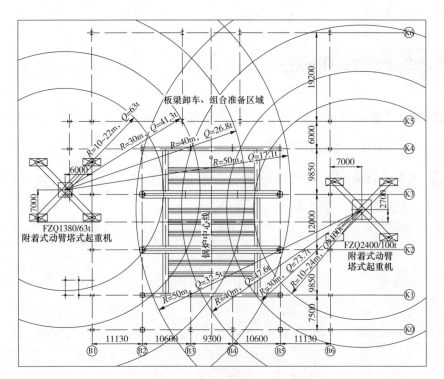

图2-26　塔式起重机布置平面图

8.3 顶板梁卸车

需两台塔式起重机抬吊就位的各件板梁在炉后区域卸车并做抬吊前的准备。K2、K3下叠梁后半卸车后横向摆放在K5排中心线后2m位置，固定端吊点与FZQ1380塔式起重机24m作业半径时吊钩位置一致。前、后墙次梁横向摆放在K5排中心线后2m中心与锅炉中心对齐位置。K2、K3上叠梁左段在炉膛内0.0m地面卸车，横向中心位于K2排中心后2m与锅炉中心对齐位置。单车起吊钢梁摆放在炉后准备区域以便于塔式起重机起吊为宜。

所有板梁均是水平状态运输进场，卸车后由塔式起重机单车或双车将其翻身竖起，翻身过程由150t履带式起重机辅助。K2、K3下叠梁后段竖起后直立摆放在地面码好的道木堆上，然后安装端板、配重梁及临时脚手架。下叠梁组合时要确保平稳，防止倾倒，必要时使用150t履带式起重机进行保护。

8.4 顶板梁吊装就位

K2、K3下叠梁后段与两端的端板组合为一体吊装就位。为保证组合件的平衡，需在两侧端板上各加挂2.2t配重。配重设置见图2-27。

K2、K3下叠梁后段组合件的重量为下叠梁50.8t、端板15.92t×2=31.84t、配重4.4t、连接板6t、脚手架3t，总重95.24t。

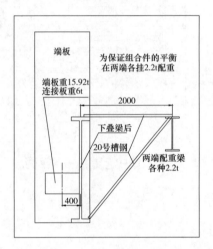

图2-27 下叠梁组合件吊装配重设置示意图

共有7件板梁需要两台塔式起重机抬吊就位，其余板梁均由单台塔式起重机吊装就位。抬吊件吊装数据见表2-15。

表2-15 抬吊件吊装数据一览表

序号	部件名称	重量（t）	梁长（m）	FZQ 1380 起吊/就位幅度（m）	FZQ 1380 载荷/额定载荷=负荷率	FZQ 2400 起吊/就位幅度（m）	FZQ 2400 载荷/额定载荷=负荷率
1	K2下梁组合件	95.24	30.5	24/22.3	41.4/55.9=74.1%	28/24	53.8/81.2=66.3%
2	K2下梁前段	50.8	30.35	24/22.3	22.1/55.9=39.5%	28/24	28.7/81.2=35.3%
3	K2上梁左段	52	9.4	30.4/22.3	26/41=63.4%	30/41	26/45=57.8%

续表

序号	部件名称	重量（t）	梁长（m）	FZQ 1380 起吊/就位幅度（m）	FZQ 1380 载荷/额定载荷=负荷率	FZQ 2400 起吊/就位幅度（m）	FZQ 2400 载荷/额定载荷=负荷率
4	K3下梁组合件	95.24	30.5	24/18.4	41.4/55.9=74.1%	28/22	53.8/81.2=66.3%
5	K3下梁前段	50.8	30.35	24/22.3	22.1/55.9=39.5%	28/24	28.7/81.2=35.3%
6	前墙次梁	69.6	20.2	30/24	21.7/41.3=52.6%	33/32.2	47.9/64.2=74.6
7	后墙次梁	69.6	20.2	30/30	21.7/41.3=52.6%	33/30.3	47.9/64.2=74.6

注 负荷率按照起吊至就位过程中塔式起重机最大幅度时额定载荷计算。

两台塔式起重机在抬吊板梁自地面起吊位置至就位位置需做好密切的配合动作。图2-28以K2下梁组合件为例对抬吊回转步骤进行示意。

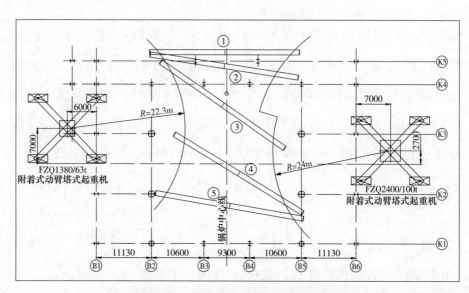

图2-28 板梁抬吊回转步骤示意图

第9节 其他1000MW机组塔式锅炉顶板梁
吊装方案简介

9.1 赣南某2×1000MW机组工程4号锅炉顶板梁吊装

9.1.1 设备概况

锅炉为上海锅炉厂设计生产的超超临界参数变压直流炉、二次中间再热、平衡通风、露天布置、固态排渣、全钢构架、全悬吊结构塔式锅炉。

9.1.2 起重机布置

锅炉炉膛内左后角布置1台140t附着式平臂塔式起重机，负责锅炉钢架及顶板梁层的吊装。140t塔式起重机在顶板梁层吊装完成后由布置于炉左外侧的120t塔式起重机将其拆除。锅炉钢架即将到顶时在炉左外侧K3、K4排柱之间安装1台120t附着式平臂塔式起重机，塔式起重机高度156m，负责锅炉后续的吊装工作。M2250/450t履带式起重机1台配合设备卸车及吊装。

9.1.3 锅炉顶板梁吊装

K2、K3板梁下半组合件（由下梁前段、后段及连接板组成）起吊重量118t，由140t塔式起重机单车自炉膛0.0m地面起吊并就位，见图2-29。

顶板梁层其余部件也均由140t塔式起重机单车吊装就位。

空气预热器冷端大梁重量114t，长度20m，由M2250履带式起重机和140t塔式起重机双机抬吊就位。抬吊时两车负荷率均在80%以下。

图2-29　K3板梁下半组合件由炉膛内地面起吊场景

9.2 湖南某2×1000MW机组工程锅炉顶板梁吊装

9.2.1　设备概况

锅炉为上海锅炉厂设计生产的超超临界参数变压直流炉，单炉膛、一次中间再热、五角切圆燃烧、平衡通风、固态排渣、全钢构架、全悬吊塔式结构。主厂房采用侧煤仓布局。

9.2.2　起重机布置

1号炉右侧布置1台ZSC80305/110t附着式平臂塔式起重机，最大工作幅度80m，中心位于K3-K4排柱之间。1号炉左侧布置1台ZSC1600/60t附着式平臂塔式起重机，中心较K2排柱略偏向炉后。

2号锅炉左侧（扩建端）布置1台160t附着式平臂塔式起重机，中心位于K2-K3排柱之间。

9.2.3 锅炉顶板梁吊装

锅炉顶板梁层设K2、K3两组主梁，采用Ⅱ型叠梁结构，下梁分为前后两件，上梁分为左、中、右3件。1号锅炉K2、K3下梁前、后两件及连接板组合为一个整体（重104.68t），由ZSC80305塔式起重机和ZSC1600塔式起重机两车抬吊就位，上梁及次梁分别由两台塔式起重机单车吊装就位。2号锅炉顶板梁层主、次梁各件均由160t塔式起重机单车吊装就位。图2-30为主要构件已吊装完成的顶板梁层。

图2-30　主要构件已吊装完成的顶板梁层

空气预热器布置在炉后钢架K5排与K6排之间第二层钢架上，安装标高25.47m。1号锅炉右侧冷端大梁（重70t）由ZSC80305塔式起重机单车吊装就位，左侧冷端大梁由ZSC80305塔式起重机和ZSC1600塔式起重机两车抬吊就位。

9.3 阳西1240MW塔式炉次梁吊装

9.3.1 设备概况

阳西二期工程锅炉是上海锅炉厂设计制造的超超临界1240MW塔式锅炉。

锅炉钢架共11层，宽58m、深58.8m、高135m；炉前为悬吊副钢架，炉后副钢架支撑空气预热器、脱硝装置、烟风道等。钢架主立柱最重件为49.3t，顶板梁层最重件为水冷壁前、后墙次梁，均重92.5t。

9.3.2　起重机布置

STT2200/80t附着式平臂塔式起重机1台，布置于炉膛内部中心位置，负责完成锅炉钢架及顶板梁层主要构件（缓装次梁等除外）的吊装。

S1200/64t附着式平臂塔式起重机1台，布置于锅炉右外侧，在顶层钢结构吊装前投入使用。S1200塔式起重机配合STT2200塔式起重机完成顶板梁层的吊装。顶板梁层主要构件吊装完成后由S1200塔式起重机拆除炉膛中心的STT2200塔式起重机。位于炉膛中心塔式起重机塔身位置的缓装次梁及其他锅炉设备吊装由S1200塔式起重机完成。

QUY260/260t履带式起重机1台，主要负责钢架卸车及辅助性的吊装工作。

9.3.3　前墙水冷壁次梁安装

前墙水冷壁次梁（重92.5t）在靠炉右侧（S1200/64t塔式起重机侧）端焊接1根H800×350×30×30的H型钢梁作为延长梁。次梁设置3个吊点，其中吊点3设置在延长梁上，距梁中心15928mm。前墙水冷壁次梁由炉右侧地面起吊区域起吊，起吊时炉膛内80t塔式起重机使用吊点1（次梁左侧距梁中心7140mm），炉右外侧64t塔式起重机使用吊点2（次梁右侧距梁中心7740mm）。两塔式起重机先将次梁抬吊至炉顶右侧钢架上临时存放，然后炉右外侧64塔式起重机将吊点移至吊点3（延长梁上吊点）。两塔式起重机再次起吊将次梁抬吊就位。次梁抬吊就位时场景见图2-31。

9.3.4　缓装次梁安装

炉膛中心位置的次梁因80t塔式起重机的影响无法直接安装到位，需先吊装至炉顶恰当位置待80t塔式起重机拆除后再转移至安装位置。在缓装次梁两

图2-31　锅炉前墙次梁两车抬吊就位

端顶面各焊接1根 H480×300×11×18 的 H 型钢做牛腿。缓装次梁在炉膛中80t塔式起重机拆除前用双机抬吊的方法将其存放在80t塔式起重机后部，见图2-32。炉膛内80t塔式起重机拆除后，利用两个重物移运器将缓装次梁拖运至安装位置。在次梁两牛腿端部用千斤顶将次梁顶起，抽出移运器，然后回落千斤顶使次梁就位。

图2-32　缓装次梁抬吊至临时存放位置

第10节　豫北某660MW机组锅炉钢架及顶板梁吊装

10.1　设备概况

主厂房采用钢结构型式、侧煤仓三列式布置。侧煤仓位于两炉间。

锅炉由东方锅炉股份有限公司生产，为超超临界直流炉、一次中间再热、露天岛式布置、全钢构架Ⅱ型锅炉。锅炉由前K1排至后K7排柱间距为67.1m，锅炉本体左右最大柱距为49m，脱硝钢架左右最大柱距为60m，两炉中心线间距为91.5m，炉前K1排与汽机房B排间距为11.5m。

各件顶板梁截面型式、长度及重量见表2-16。

表2-16　　　　　　　锅炉顶板梁截面型式、长度及重量一览表

名称	顶板梁截面型式	长度（mm）	重量（kg）	数量
MB-1（K1）	H3400×1000×25×40	29100	48747	1
MB-2（K2）上	H3000×1000×30×100	29100	55294	1
MB-2（K2）下	H2000×1000×30×100	29100	44932	1
MB-3（K3）上	H4000×1200×40（36）×100	29100	79787	1
MB-3（K3）下	H2400×1200×40（36）×100	29100	59158	1
MB-4（K4）上	H4200×1400×40（36）×120	36700	116788	1
MB-4（K4）下	H2600×1400×40（36）×120	36700	104479	1
MB-5（K5）	H3600×1200×25×60	36700	80283	1

10.2　锅炉吊装大型起重机布置

锅炉右外侧布置1台ZSC70240/80t附着式平臂塔式起重机，塔式起重机中

心正对K3排柱，距离外侧柱中心5.75m。CC2500-1/500t履带式起重机1台，协助ZSC70240完成钢架的吊装，并与之共同完成顶板梁的抬吊任务。

M250/250t履带式起重机1台，负责钢构件的卸车并配合主吊车完成板梁的翻身工作。M250履带式起重机在ZSC70240塔式起重机尚未投入使用前负责第一层钢架的吊装。

锅炉主钢架达到承载条件后，在炉顶K5板梁中心偏炉右侧位置安装1台QTZ250/16t平臂塔式起重机。16t平臂塔式起重机工作半径45m（臂长46.9m），塔身高度14m。起重机布置见图2-33。

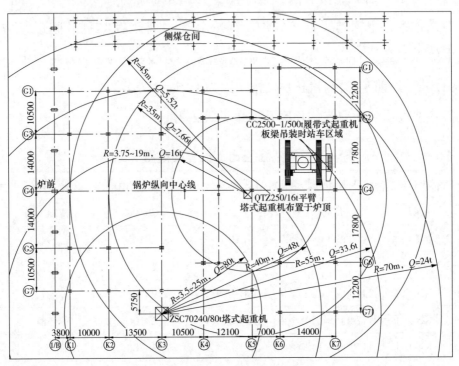

图2-33　豫北某工程锅炉吊装大型起重机布置平面图

10.3 锅炉钢架及顶板梁吊装

第一层钢架吊装时M250/250t履带式起重机为主吊机械，70、50t汽车起重机辅助。第二层及以上各层钢架吊装时ZSC70240/80t塔式起重机为主吊机械，

M250履带式起重机、汽车起重机等辅助。顶板梁层吊装由ZSC70240塔式起重机和CC2500-1/500t履带式起重机协同完成。

顶板梁主梁由炉前至炉后依次吊装。MB-1、MB-2下、MB-2上、MB-3下4根板梁使用ZSC70240塔式起重机单车吊装就位，其余4根板梁双车抬吊就位。MB-5板梁由炉后起吊，其余板梁由炉右侧或炉右后侧起吊。抬吊板梁时CC2500-1/500t履带式起重机选用78m主臂、30m副臂，超起塔式工况，100t吊钩（自重8t）。顶板梁吊装参数见表2-17，图2-34所示为MB-4板梁上半吊装场景。

表2-17　　　　　　　　　锅炉顶板梁吊装参数一览表

板梁号	吊装参数					吊车	备注
	起吊重量（t）	作业半径（m）	分担负荷（t）	额定起重量（t）	负荷率（%）		
MB-1	48.75+1.2	38.3	49.95	50	99.9	塔式起重机	单车吊装
MB-2下	44.93+1	33.2	45.93	58	79.2	塔式起重机	单车吊装
MB-2上	55.3+1.2	33.2	56.5	58	97.4	塔式起重机	单车吊装
MB-3下	59.2+1	30.3	60.2	64.5	93.3	塔式起重机	单车吊装
MB-3上	79.8+1.5	22	49.8	80	62.3	塔式起重机	双车抬吊
		31	31.5	49	64.3	履带式起重机	
MB-4下	104.5+1.5	25	56.4	80	70.5	塔式起重机	双车抬吊
		20	49.6	68.3	74.8	履带式起重机	
MB-4上	116.8+1.5	25	61.7	80	77.1	塔式起重机	双车抬吊
		20	56.6	68.3	85.4	履带式起重机	
MB-5	80.3+1.5	26	40.9	77	53.1	塔式起重机	双车抬吊
		19	40.9	69.4	59.0	履带式起重机	

注　履带式起重机的额定起重量已减去吊钩的重量。

图2-34　MB-4板梁上半吊装场景

第11节　内蒙某600MW机组锅炉顶板梁吊装

11.1 设备概况

　　锅炉为上海锅炉厂生产的超临界参数、单炉膛、一次中间再热、全钢构架、Ⅱ型锅炉。钢结构从炉前至炉后共有6排立柱，深度47.6m，从左至右共有5列立柱，宽度43.0m。钢结构立柱分为8段，顶板梁顶标高83.35m。

　　顶板梁主梁共7根，B2、B3、B4板梁为叠梁，B1、B6板梁均分为左、右两根。各件顶板梁外形尺寸、重量见表2-18。

表2-18　　　　　　　　　　锅炉顶板梁外形尺寸及重量一览表

板梁名称	外形尺寸：长×宽×高（mm）	重量（t）	数量
B1	12566×600×2650	12	2
B2上	25700×950×2500	40	1
B2下	25700×950×2000	30.62	1
B3上	25700×950×3000	45.6	1
B3下	25700×950×2000	34.6	1
B4上	25700×1300×3000	62.8	1
B4下	25700×1300×2000	48.8	1
B6	22546×900×3500	40	2

11.2 锅炉吊装大型起重机布置

FZQ1380/63t附着式动臂塔式起重机1台，布置于炉左侧，中心位于K3排后9.0m、G1列外6.5m。

M250/250t履带式起重机1台，在吊装B6右、B2上、B3上板梁时使用67.1m主臂、42.7m副臂塔式工况，在吊装B4下、B4上板梁时使用67.1m主臂、33.5m副臂塔式工况。M250履带式起重机在吊装顶板梁时站位于锅炉右侧偏后位置。两台起重机的布置见图2-35。

70t汽车起重机1台，辅助进行板梁的卸车、翻身等工作。

11.3 锅炉顶板梁吊装

锅炉顶板梁吊装顺序：B1右→B1左→B6右→B6左→B2下→B2上→炉右

B4外柱缓装部分安装→B4下→B4上→B4与B6之间次梁连接→B3下→B3上。

B2上、B4下、B4上板梁由炉膛内0.0m地面起吊。

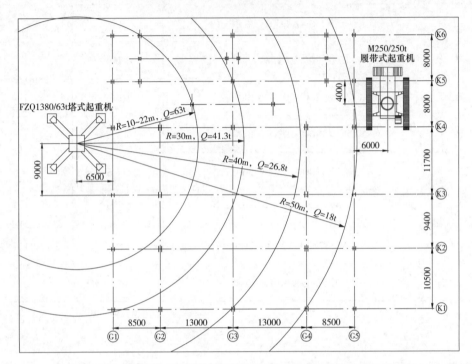

图2-35　内蒙某工程锅炉顶板梁吊装大型起重机布置平面图

B2上梁由两车抬吊就位。M250履带式起重机吊点距离板梁中心11.71m，分配负荷11t + 3.3t（吊钩及钢丝绳），起吊和就位时工作半径分别为22.6、31.8m，就位时额定起重量19.3t，负荷率74.1%。FZQ1380塔式起重机吊点距离板梁中心4.44m，分配负荷29t，起吊和就位时工作半径分别为28、30.5m，就位时额定起重量40t，负荷率72.5%。

B3板梁上、下半分三步吊装就位。第一步：B3上梁由两车抬吊暂时摆放在B2、B4板梁上，加固稳妥后FZQ1380塔式起重机摘钩。第二步：FZQ1380塔式起重机单车将B3板梁下梁吊装就位。第三步：由FZQ1380塔式起重机和M250履带式起重机双车将B3板梁上梁抬吊就位。

顶板梁吊装参数见表2-19。

表2-19　　　　　　　　　　锅炉顶板梁吊装参数一览表

板梁号	吊装参数					吊车	备注
	起吊重量（t）	作业半径（m）	分担负荷（t）	额定起重量（t）	负荷率（%）		
B1右	12	45	12	21.9	54.8	FZQ1380塔式起重机	单车吊装
B1左	12	36	12	31.6	38	FZQ1380塔式起重机	单车吊装
B6右	40	41.7	20	25	80	FZQ1380塔式起重机	双车抬吊
		26	20＋3.3	29.6	78.7	M250履带式起重机	
B6左	40	29.2	40	42.5	94.1	FZQ1380塔式起重机	单车吊装
B2下	31.6	34.3	31.6	33.5	94.3	FZQ1380塔式起重机	单车吊装
B2上	40	30.5	29	40	72.5	FZQ1380塔式起重机	双车抬吊
		31.8	11＋3.3	19.3	74.1	M250履带式起重机	
B4下	48.8	27	32.3	48	67.1	FZQ1380塔式起重机	双车抬吊
		22.7	16.6＋3.3	30.3	65.7	M250履带式起重机	
B4上	63	27	41.5	48	86.5	FZQ1380塔式起重机	双车抬吊
		22.7	21.5＋3.3	30.3	81.9	M250履带式起重机	
B3下	35.6	30.7	35.6	39	91.3	FZQ1380塔式起重机	单车吊装
B3上	45.6	27	34.2	48	71.3	FZQ1380塔式起重机	双车抬吊
		29.6	11.4＋3.3	20.7	71	M250履带式起重机	

第12节　单台起重机滑移法吊装锅炉顶板梁

12.1 设备概况

某3×626MW火电机组，锅炉为HG-2030/17.5-HM15型亚临界、单炉膛、一次再热、平衡通风、控制循环汽包锅炉。锅炉钢架左右宽49m（含两侧侧煤仓宽71m），前后深85.9m。板梁顶标高105.1m。

锅炉顶板梁共6根，布置在G、H、J、K、L、M排，板梁编号依次为A~F。A、F板梁各分为左右两段，B、C、D、E板梁为上、下叠梁。

12.2 锅炉吊装大型起重机布置

在2号锅炉（位于3台锅炉中间）扩建端侧布置1台ZSC70360/140t附着式平臂塔式起重机。塔式起重机中心距J、K排5.5m，距B5轴线8.1m，最大工作半径70m，起升高度126m。塔式起重机布置见图2-36。

12.3 顶板梁的吊装

锅炉顶板梁由炉前向炉后依次吊装就位。根据各顶板梁的外形尺寸、重量、布置位置，除D、E上梁外140t塔式起重机均可单车吊装就位。按照常规吊装方案140t塔式起重机需与1台大吨位履带式起重机抬吊来完成D、E上梁的吊装。

锅炉顶板梁顶面标高较高（105.1m）且2号炉左、右均为侧煤仓，履带式起重机无站车位置。经综合考虑，D、E上梁由140t塔式起重机单车采用滑移法吊装就位。下面以D上梁为例介绍吊装、就位过程。

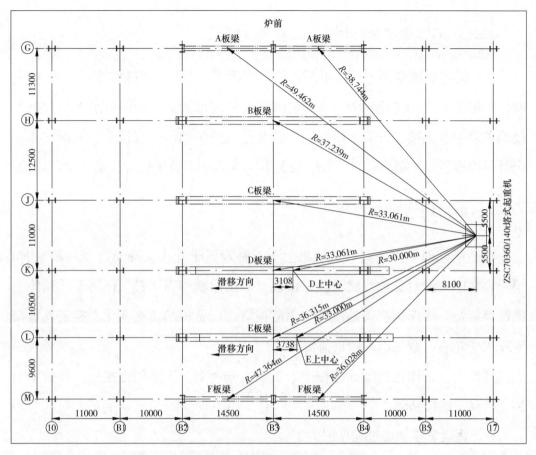

图2-36　锅炉顶板梁吊装平面图

12.3.1　D下梁就位

由140t塔式起重机将D下梁吊装就位并找正固定。在叠合面两端安装滚轴专用工具,并将其临时固定。

12.3.2　D上梁吊装

D上梁在炉左后侧卸车、翻身并支垫平稳。140t塔式起重机将D上梁吊离地面,当起升至D上梁下表面超过D下梁上表面约1m时停止。塔式起重机主臂向右转杆,当上梁纵向中心与下梁纵向中心重合时停止。塔式起重机主钩缓慢回落使上梁下叠合面与滚轴专用工具接触。塔式起重机在此过程中控制作业半径在27.5m以内,起吊重量在额定负荷的90%以内。

12.3.3　D上梁滑移到位

D上梁与滚轴专用工具接触后，塔式起重机不松钩且控制负荷率在90%左右。每组滚轴专用工具两侧各设1名施工人员进行监护。用两台水平布置的手拉葫芦牵引D上梁在下梁上滚动。塔式起重机同步动作，保持上、下梁轴线重合且吊钩垂直。上梁到达正式安装位置后，穿装一定数量临时长螺栓及定位销。

12.3.4　D上梁回落就位

在叠梁端部（立柱对应的肋板上）对称设置千斤顶支撑点，使用两台16t千斤顶在同一端对称位置将上叠梁顶起，取出滚轴专用工具，回落千斤顶使上梁回落就位。千斤顶回落的过程中要监控塔式起重机的负荷变化，控制其负荷率在90%左右，避免出现超负荷情况。

穿装上、下梁连接螺栓并按要求紧固，安装上、下梁间连接板。顶板梁吊装、滑移、就位结束。

D上叠梁滑移就位过程见图2-37。

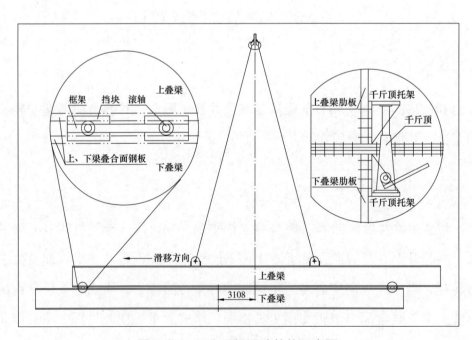

图2-37　D上叠梁滑移就位示意图

第13节　大型电站锅炉吊装起重机配置综述

锅炉吊装起重机主要分为三类，即电动轨道式塔式起重机、附着式塔式起重机、大型履带式起重机。

13.1　电动轨道式塔式起重机

电动轨道式塔式起重机主要以DBQ3000/100t和DBQ4000/125t为代表。这类塔式起重机在20世纪80年代末、90年代初开始装备于各电建企业，是当年200MW、300MW机组锅炉的主力吊装机械。在早期1000MW机组锅炉的吊装现场仍有DBQ4000/125t活跃的身影。随着时间的推移、技术的进步，电动轨道式塔式起重机已退出火电建设的舞台。

13.2　附着式动臂塔式起重机

附着式塔式起重机按起重臂形式分为动臂（俯仰变幅起重臂）式和平臂（小车变幅起重臂）式，平臂式塔式起重机按塔身结构又分为有塔头和无塔头式。

使用较早的附着式动臂塔式起重机为FZQ1250/50t，因其塔身为圆筒状，大家习惯称其为筒吊。进入21世纪后随着机组容量的增加，为满足大容量锅炉的吊装，FZQ系列塔式起重机的起重能力也逐步提高。目前投用较多的附着式动臂塔式起重机有：FZQ1380/63t、FZQ1650/75、FZQ2000Ⅱ/80t、FZQ2000Z/80t、FZQ2400/100t、FZQ2200B/120t等型号。投入锅炉吊装的同类塔式起重机还有M1280D/140t、MK2500/140t、FHFZQ1700/150t、MD3600/160t等附着式动臂塔式起重机。

附着式动臂塔式起重机的优点是：机构简单；能充分发挥起重臂的有效高度；多台塔式起重机作业的现场能方便地互相避让，塔身高度不必高出锅炉过高。

附着式动臂塔式起重机虽能满足大容量电站锅炉的吊装，但其固有的缺点也很明显，主要表现在作业半径上。动臂塔式起重机主钩的最大作业半径一般为50m，个别型号可达到60m。主钩50～60m的最大作业半径无法完全覆盖600MW级Ⅱ型锅炉，对于1000MW级Ⅱ型锅炉只能覆盖其一半多些的面积。最小作业半径过大，一般在10m左右。

13.3 附着式平臂塔式起重机

投入电站锅炉安装的附着式平臂塔式起重机主要有：ZSC系列，工作半径60～80m、起重量60～160t；FHTT、STT系列等。

平臂（小车变幅起重臂）式塔式起重机是靠水平起重臂轨道上安装的小车行走来实现变幅的。

附着式平臂塔式起重机的优点是：变幅范围大，达到60～80m；起重小车可运行至靠近塔身处，最小工作半径小；多数大吨位的平臂塔式起重机采用双小车布局，吊钩滑轮组倍率也可调整，小车及倍率组合可根据负荷情况灵活调整，提高工作效率；起升、变幅速度快。

附着式平臂塔式起重机的缺点是：起重臂受力情况复杂，对结构要求高；为满足起升高度的要求，塔身高于锅炉顶面较高，影响稳定性且施加于锅炉钢结构的附着力较大；多台塔式起重机作业的现场需制订详细的避碰规则，安装高度也应错开；基础多为钢筋混凝土结构，占地面积大、用材多、狭小位置不易布置及不易拆除。

13.4 大型履带式起重机

大型履带式起重机在20世纪90年代初开始进入火电施工现场。目前用于锅炉吊装的大型履带式起重机常见的型号有：M2250/450t、CC2500-1/500t、CC2800-1/600t、CKE7650/650t、LR1750/750t、SCC9000/900t、CC5800/1000t、SCC1600/1600t 等。

大型履带式起重机的优点是：起重吨位大，可带载行走，臂架系统组合方式多。但其缺点也很明显：购置费用、使用费用高，维护保养技术要求高，遇到大风天气需爬杆避风等。

大型履带式起重机多配合主塔式起重机完成锅炉板梁等大件设备的吊装，也可作为除氧器、高压加热器、主变压器等的主力吊装机械。多数电建公司为节约工程费用在大件设备吊装完成后即将大型履带式起重机退场。

第3章 发电机定子吊装方案

第1节 起重门架+拖运滑道吊装600MW发电机定子

1.1 设备概况

石洞口二厂2×600MW超临界机组工程（20世纪90年代初）的发电机由ABB公司生产。发电机定子外形尺寸13.21m（长）×4.9m（宽）×4.2m（高），重量343t。发电机定子重量在当时是国内已建火力发电厂中最重的。汽机房运转层高度17.6m，布置两台起重量为70t/20t的桥式起重机。

1.2 定子吊装就位所需机具

汽机房两台桥式起重机无法满足抬吊定子就位的需要。电建公司根据汽机房及发电机布置的特点，采用由起重门架和4套100t滑轮组组成的起升机构，配以4台10t卷扬机作为定子的提升动力设备。拖运走道和转盘负责将定子拖运至基础上并实现转向。实施该方案配备的主要机具见表3-1。

表3-1 起重门架吊装定子机具配备一栏表

序号	机具（材料）名称	规格、型号	数量
1	起重门架	400t	1台
2	100t滑轮组+10t卷扬机	100t	4套
3	20t滑轮组+5t卷扬机	20t	2套
4	钢丝绳	ø30mm，6×37+1，1770	850m

续表

序号	机具（材料）名称	规格、型号	数量
5	钢结构拖运走道（自重120t）	H700×300×13/24	2条
6	重物移运器	30t	20只
7	定子转向转盘	400t	1台
8	履带式起重机	HK700/150t	1台

1.3 定子提升就位程序

定子提升、就位过程见图3-1。

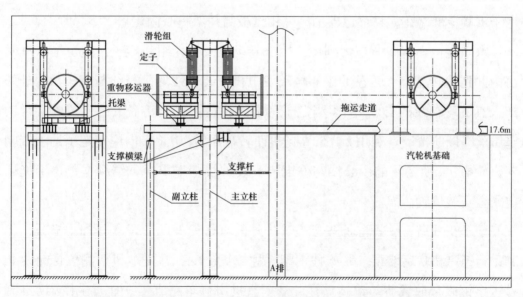

图3-1　起重门架+拖运滑道吊装600MW发电机定子示意图

起重门架组装：起重门架布置在汽机房A排外主变压器基础位置，其纵向中心位于8～9轴线中间。两根主立柱中心距6200mm，并在主、副立柱两侧设置支撑以确保结构稳定。穿绕100t滑轮组+10t卷扬机组成的提升系统。起重门架组装完成后进行110%（377.3t）的动负荷试验，确保其安全、可靠。

提升定子：操作对称地布置在两根主立柱两侧的4套100t卷扬机+滑轮组，

提升定子。定子底面高度高于19.0m时，停止提升。将4套滑轮组的钢丝绳在卷扬机端用绳卡锁住，防止下滑。

支撑梁就位：用150t履带式起重机将3根支撑搁梁（1根为3拼的组合梁，2根为H700×300×13/24型钢）放置在主立柱的牛腿上和副立柱顶部，用螺栓将其固定。

铺设拖运走道：将2条由5根H700×300×13/24型钢拼焊而成的拖运走道从汽机房17.6m平台用70/20t桥式起重机吊出，并由A排外的150t履带式起重机配合，将其布置在门架纵向中心线两侧，搁置在3根支撑梁及运转层之间。在拖运走道上方固定25号槽钢（开口向上），作为重物移运器的走道。

设置重物移运器：走道铺设完成后，在定子的2个运输托架下方各放置10只重物移运器。拆除起吊钢丝绳在卷扬机端的绳卡。回落卷扬机放下定子，使定子重量全部落在重物移运器上，并用压板与托架临时固定。

水平拖运→转向→拖运到位：用5t卷扬机及滑轮组将定子沿走道拖入汽机房内并到达转盘上（转盘的中心位于发电机安装轴线的延长线与定子从A排外拖入汽机房轴线的交点上）。当定子两端的移运器位于转盘上的走道两端时锁定钢丝绳以防滑动。利用2台5t卷扬机使转盘回转90°（转向应使定子的汽端朝向汽轮机），使定子的中心线与发电机安装轴线基本重合。继续在走道上拖运定子至安装位置。

定子正式就位：拆除原安装在A排外的400t门架的上段立柱和主横梁，将其吊运至汽机房运转层。将上段门架立柱接长0.9m，在发电机两侧位置铺设40号工字钢以分散载荷、垫高立柱。利用汽机房行车完成主立柱、主横梁及4套滑轮组的安装。在2根主立柱顶部的两个方向拉设托拉绳，以稳定结构并起调整立柱垂直度的作用。启动4台10t卷扬机将定子吊起约100mm，锁住钢丝绳防止其下滑。用行车拆除走道及运输托架等设施。解锁钢丝绳，启动4台10t卷扬机回落滑轮组使定子坐落在基础上。

第2节　高低腿龙门式起重机吊装发电机定子

2.1 定子提升装置

本方案中定子提升装置采用了高低腿龙门式起重机。高低腿龙门式起重机主要由刚性腿、柔性腿、主梁、小跑车等组成。适用于600、1000MW级发电机定子的吊装就位。

刚性腿安放在汽轮发电机基础运转层上，柔性腿安放在汽机房0.0m。此装置大车固定不行走，无大车运行机构，因此安装时大梁中心线要正对发电机安装位置横向中心线。起吊滑轮组安装在主梁上面的小跑车上。滑轮组钢丝绳由小跑车上的定滑轮组引出，通过柔性腿头部的导向滑轮，引向固定于0.0m的两台卷扬机。由于小跑车在主梁上移动的距离不长，因此使用链条葫芦人力牵引（或液压推进器）的方式移动。

发电机定子提升装置的安装使用汽机房内的桥式起重机完成。

2.2 定子吊装就位程序

吊装流程：运输道路铺设→定子提升装置（高低腿龙门式起重机）安装→发电机定子运输（拖运）到0.0m起吊位置→定子吊装就位→提升装置拆除。

将定子吊装用尼龙吊带分别挂在定子吊耳和提升装置的起吊梁上。同时启动两台卷扬机，将定子缓慢吊起。当定子吊离地面约100mm高度时停止并维持约10min，在此期间测量主梁下沉量应在允许范围内，观察柔性支腿梁下部垫层下沉量在允许范围内。对卷扬机制动机构进行检查，做两次刹车试验，确保制动合格、有效。对小车结构、滑轮组、钢丝绳等起升机构进行检查，确认无误。

匀速启动两台卷扬机（起吊过程中应监视电动机电流），垂直起吊定子，当定子底部高出汽轮机运转层约200mm后，停止起升。人力拉动链条葫芦（或使用液压推进器）平移小跑车，当定子纵向中心线与基础纵向中心线一致后停止。启动两台卷扬机使定子缓慢回落至台板上。复核定子纵、横中心线与基础纵、横中心线一致后拆除起吊索具，定子吊装就位结束。

吊装过程示意见图3-2。

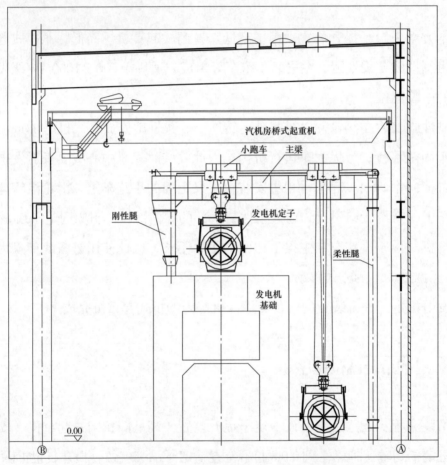

图3-2 高低腿龙门式起重机吊装发电机定子示意图

2.3 定子提升装置吊装定子注意事项

柔性支腿支撑面的地基处理应满足承载力的要求。提升装置承载后必须观察柔性支腿支撑梁的下沉及大梁的挠度变化情况。发现异常及时研究处理。

柔性支腿支撑梁和刚性支腿支撑梁与垫板及基础之间需铺木板以加大摩擦力。基础标高应测量准确，保证柔性支腿比刚性支腿高出100mm。

卷扬机至第一个转向滑轮的距离应大于20倍卷筒直径，以保证钢丝绳在卷筒上排绳顺畅，不出现压绳现象。

定子提升装置柔性腿的安装位置与汽轮发电机基础边缘的净距必须满足定子进车（或拖运）的要求。定子与基础边缘、与柔性支腿内侧应有不小于200mm的安全净距离。

第3节 桥式起重机+卷扬机滑轮组+抬吊扁担系统吊装发电机定子

3.1 工程概况

汽机房为大平台布置，设有0、6.9、13.7m（运转层）共三层，两机中间一跨0.0m为检修场。汽机房的屋架下弦标高为29.20m，两台机组共用两台80t/20t桥式起重机，行车轨顶标高为26.4m。汽轮发电机组为纵向顺列布置，机头朝向固定端。

发电机为东方电机股份有限公司生产的QFSN-600-2-22C型氢冷发电机。定子机座由中段机座和两端的端罩组成的三段式组合结构。三段机座之间的结合面加橡胶圆条密封并用螺栓把合，外加气密罩封焊。

定子中段长9196mm，吊点间纵向距离2821mm、横向距离3820mm，起吊重量253t。

3.2 定子吊装机具及重量校核

发电机定子由汽机房内的2台80t/20t桥式起重机采用抬吊的方式吊装就位。桥式起重机在订货时要求生产厂家按抬吊定子的需要对大梁及相关机构进行了加强。为满足600MW级发电机定子双桥式起重机抬吊就位设计制作了1件箱形抬吊用主扁担梁（见图3-3）和2件滑轮组承重梁。

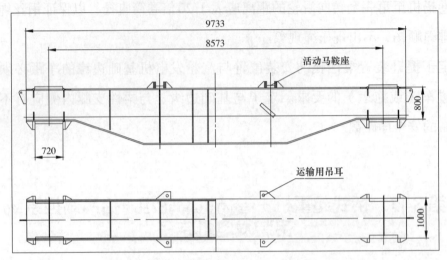

图3-3　发电机定子抬吊主扁担梁外形图

发电机定子吊装使用的其他机具还有：16t卷扬机、250t滑轮组、400t吊钩等，见表3-2。

表3-2　　　　　　　　发电机定子吊装机具一览表

序号	机具名称	数量	重量	备注
1	80t/20t电动双梁桥式起重机	2台	—	每台车大梁承载力150t
2	抬吊主扁担梁	1件	12t	
3	滑轮组承重梁	2件	5.5t×2	
4	250t滑轮组	2对	2.1t×4	
5	16t卷扬机	2台	—	
6	400t吊钩	1只	6.7t	CC2500-1履带式起重机吊钩
7	250t滑轮组捆绑钢丝绳	4根	1.02t	ø34mm
8	250t滑轮组走绳	2根	2t×2	ø32.5mm×500m×2
9	400t吊钩捆绑钢丝绳	1根	0.8t	
10	定子捆绑钢丝绳	2根	0.725t	ø66mm×26m×2
11	20t滑轮	4只	—	卷扬机走绳导向用
12	保险钢丝绳	2根	0.45t	ø66mm×16m×2

在吊装定子过程中加载于2台行车的总重量Q为：

$$Q=（滑轮组承重梁×2）+（250t滑轮组×4）+（250t滑轮组走绳×2）+250t$$

滑轮组捆绑钢丝绳＋主扁担梁＋保险钢丝绳＋400t吊钩捆绑绳＋400t吊钩＋定子

捆绑钢丝绳＋定子＝（5.5t×2）+（2.1t×4）+（2t×2）+1.02t+12t+0.45+0.8t+6.7

+0.725t+253t=297.645≈298.1t

3.3 定子吊装机具布置

定子吊装机具布置见图3-4和图3-5。

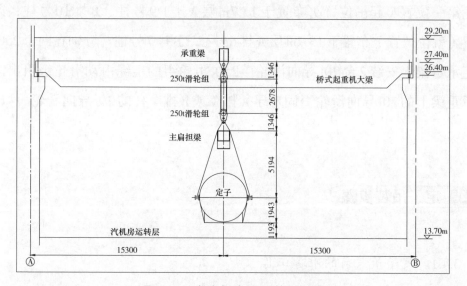

图3-4 发电机定子吊装立面图

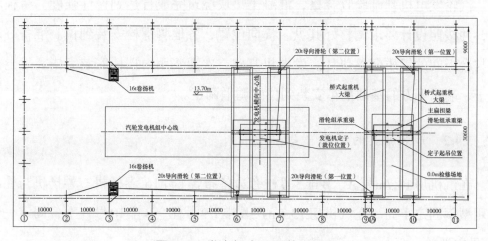

图3-5 发电机定子吊装平面图

在每台桥式起重机对应汽轮发电机组纵向中心线处的大梁顶面布置一件滑轮组承重梁，在每个承重梁下方捆绑一套10×10门250t滑轮组，滑轮组走绳为ø32.5mm钢丝绳。定滑轮组用ø34mm钢丝绳32股捆绑在滑轮组承重梁上，动滑轮组用ø34mm钢丝绳32股与主扁担梁捆绑在一起。

定子卸车及转向过程主扁担梁下捆绑一只400t吊钩，400t吊钩与定子间用ø66mm钢丝绳作为捆绑绳。定子起吊就位过程定子捆绑钢丝绳直接缠绕在主扁担梁上。

在主厂房13.7m层A、B排3号柱旁边各布置1台16t卷扬机。2只20t导向滑轮第一位置（起吊位置）布置于13.7m层A排1/9号柱、B排10号柱；第二位置（就位位置）布置于13.7m层A排6号柱、B排7号柱。分别在两个250t滑轮组承重梁上安装2台20t导向滑轮。250t滑轮组的走绳由动滑轮组引出向上经承重梁上的20t导向滑轮→固定于A排（或B排）柱的20t导向滑轮→16t卷扬机。

3.4 定子吊装步骤

3.4.1 定子吊装前的准备工作

汽轮发电机基础验收合格，混凝土垫块浇筑完成且达到设计强度。台板就位，并按照设计要求调整好其纵、横向位置，各地脚螺栓安装到位。准备好定子与台板间的钢质调整垫片。发电机基础二次灌浆用内挡板安装完毕。发电机定子、端罩下方的基础垫箱安装到位并调平调正。

3.4.2 吊装索具的穿装

在汽机房13.7m层A、B排3号柱旁边各布置1台16t卷扬机。卷扬机与柱子间用型钢固定牢固。在汽机房13.7m层A排1/9号柱、B排10号柱上各固定一台20t导向滑轮。

在汽机房运行平台上将抬吊主扁担梁支垫平稳，抬吊主扁担梁轴线对正汽轮发电机组纵轴线。

在运行平台上靠近检修间位置将250t滑轮组两两一对用ø32.5mm钢丝绳穿绕好。250t定滑轮组与滑轮组承重梁用钢丝绳捆绑在一起。

250t履带式起重机站位于汽机房两机间检修间0.0m地面。2台桥式起重机依次行走至汽机房检修间上方。250t履带式起重机吊起滑轮组承重梁及穿绕好走绳的250t滑轮组，并将其安放在桥式起重机大梁上。调整滑轮组承重梁位置使其中心线与机组纵向中心线一致，然后固定牢固。

操作16t卷扬机，使250t滑轮组起升到最高位置然后回落至最低位置，确认各机构牢固、动作灵活无卡涩。在此过程中实际测量滑轮组起升高度是否满足定子起升高度要求。

操作两台桥式起重机使其行走至放置抬吊主扁担梁的上方。操作16t卷扬机使250t动滑轮组回落至主扁担梁上，用钢丝绳将动滑轮组与主扁担梁捆绑好。

3.4.3 发电机定子卸车及转向

运输发电机定子的大型平板车倒车进入汽机房中部两机间的检修间，定子中心对正汽轮发电机纵向中心线。

抬吊定子的主扁担梁下方正中位置捆绑一只400t吊钩。操作两台桥式起重机行走大车，使主扁担梁位于定子正上方，将定子捆绑钢丝绳上端挂在400t吊钩上，下端挂到定子吊攀上。对两台桥式起重机进行找正，使主扁担梁中心对正定子中心。操作卷扬机使钢丝绳略微受力，对整套起吊系统进行检查，确保工作正常、完好。

同步启动卷扬机，使定子吊离运输车辆约100mm，静止悬停10min左右，对整个起吊系统进行检查，应无异常。缓慢起升和回落2~3次，确认抱闸可靠，对行车、滑轮组、承载梁、主扁担梁等检查无异常现象后，运输车辆开走。回落定子至接近地面，人力推动定子转向90°。确认定子方向与安装方向一致。在定子下方的地面铺好道木，回落定子使其平稳支垫于道木上。

3.4.4 发电机定子吊装就位

拆除抬吊主扁担梁上的400t吊钩及其固定钢丝绳。将ø66mm钢丝绳挂在主扁担梁上，绳扣挂在定子吊攀上。

同步启动两台卷扬机使定子缓慢吊离地面约100mm，静止悬停10min左右，检查有无异常现象。缓慢起升和回落2~3次，确认抱闸可靠。对桥吊、滑轮组、卷扬机等整套机构进行检查应无异常。拆除定子两端临时保护盖和运输托架。

同步启动2台16t卷扬机，当定子底面高出运转层平台约0.5m时停止起升。用悬挂在承载梁上的环形ø66mm钢丝绳套住主扁担梁的两端。回落卷扬机，使定子及抬吊主扁担梁的重量由套在主扁担梁两端的2组环形ø66mm钢丝绳承担。这时卷扬机走绳应处于松弛状态。

同步运行桥式起重机大车使定子移动到安装位置正上方。拆除安装在A排1/9号柱和B排10号柱位置的20t导向滑轮及卷扬机走绳，将其分别移至A排6号柱和B排7号柱位置并再次固定好。

启动2台16t卷扬机使钢丝绳受力，定子及主扁担梁的重量由环形ø66mm钢丝绳转移至250t滑轮组。待环形ø66mm钢丝绳松弛后，将其移至主扁担梁侧面，见图3-6。

图3-6 发电机定子吊装场景

同步操作卷扬机使定子回落到基础垫箱上，拆除所有吊具，定子就位工作结束。

第4节　利用桥式起重机主钩起升机构为动力抬吊发电机定子

4.1　工程概况

汽机房运转层采用大平台布置，运转层标高13.7m，A列与B列中心间距29.0m，两机间为检修间。机组为纵向顺列布置，机头朝向固定端，机组纵向中心距A列柱中心15.9m。

发电机定子运输重量262t，起吊重量（含吊攀、底脚板）270t。定子运输尺寸（长×宽×高）为9.2m×3.82m×3.85m，吊攀纵向间距2820mm、横向距离（外端）4420mm。

汽机房安装有2台100t/20t桥式起重机。大车跨度25.0m，大车轨顶标高27.5m；小车轨顶标高28.65m；主钩起升高度28m，副钩起升高度32m。

4.2　定子吊装机具

发电机定子使用汽机房内的2台100t/20t桥式起重机抬吊就位。本方案利用桥式起重机的主起升机构提供动力并配2套起吊滑轮组、1件主抬吊扁担梁、2件滑轮组承重梁等机具，见表3-3。

表3-3　　　　　　发电机定子吊装机具一览表

序号	机具名称	数量	重量	备注
1	100/20t电动双梁桥式起重机	2台	—	每台车大梁承载力180t
2	抬吊主扁担梁	1件	12t	最大承载力350t
3	滑轮组承重梁	2件	6t×2	放置于桥式起重机大梁上

序号	机具名称	数量	重量	备注
4	250t滑轮组	2对	2.1t×4	10×10
5	32t滑轮	4只	0.25t×4	与250t滑轮组配合使用
6	400t吊钩	1只	6.7t	CC2500-1履带式起重机吊钩
7	250t滑轮组捆绑钢丝绳	4根	0.32t×4	ø34mm，80m×4
8	250t滑轮组走绳	2根	1.095t×2	ø24mm×500m×2
9	400t吊钩捆绑钢丝绳	1根	0.21t	ø28mm×70m
10	环形尼龙吊装带	2条	1.1t×2	环长44m

10×10门250t滑轮组与4只单门32t滑轮组合成2套11×11门起吊滑轮组。

CC2500-1履带式起重机的400t吊钩用捆绑钢丝绳捆绑在抬吊主扁担梁下方，用于定子在汽机房内检修间卸车并进行90°转向。定子转向结束后拆除400t吊钩及捆绑钢丝绳。

滑轮组穿绕钢丝绳2根，使用与桥式起重机主起升机构相同规格的钢丝绳，每根钢丝绳长500m，2.19kg/m，每根重1.095t。

环形尼龙吊装带在定子卸车及转向过程捆绑在400t吊钩与定子吊攀间，定子起吊就位过程捆绑在主扁担梁与定子吊攀间。

4.3 定子吊装步骤

4.3.1 定子抬吊系统组装、滑轮组的穿绕

在每台桥式起重机的大梁上对应汽轮发电机组纵向中心线位置各放置1件滑轮组承重梁，将其支垫平稳并固定好。在滑轮组承重梁下方安装250t滑轮组。定滑轮组用φ34mm钢丝绳缠绕32股固定在滑轮组承重梁下方。在每个承重梁下方250t滑轮组侧面分别焊接一吊点，用于固定32t单门滑轮。

在抬吊主扁担梁的端部各用φ34mm钢丝绳缠绕32股将每件动滑轮组捆绑好。在抬吊主扁担梁两侧各焊接一吊点，各固定1台32t单门滑轮。

穿绕滑轮组钢丝绳。每组滑轮组钢丝绳采用"花"穿的方法，2个出头绳从动滑轮组中部引出向上至桥式起重机主起升机构钢丝绳卷筒的两端。滑轮组钢丝绳穿绕方法见图3-7所示。

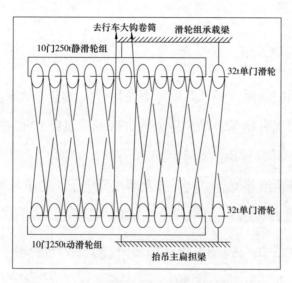

图3-7　定子吊装滑轮组钢丝绳穿绕示意图

2台桥式起重机、2套11×11起吊滑轮组、主抬吊扁担梁组合完成后，定子抬吊系统就基本组装完成。这时要对整个系统进行空载试验。起升两台桥式起重机的主卷扬机构，当卷筒上钢丝绳缠满时，主抬吊扁担梁应到达起吊定子需要的高位。同步运行两台桥式起重机的大车，在定子吊装需运行的范围内来回行走3遍，确认无误。运行桥式起重机大车使抬吊主扁担梁的中心对正检修间，回落两台桥式起重机的主卷扬机构，当卷筒上的钢丝绳剩余1圈半时，抬吊主扁担梁应回落到抬吊定子所需要的低位以下。

在抬吊主扁担梁下捆绑CC2500-1履带式起重机的400t吊钩。

4.3.2　发电机定子卸车及转向

运输定子的平板车垂直于汽机房倒车进入检修间，当定子横向中心对正汽轮发电机组纵向中心线时将车停稳。回落定子吊装机构，用尼龙吊装带缠绕在400t吊钩与定子吊攀之间。同步启动两台桥吊的主起升机构将定子吊离车板约

100mm，经检查无误后将运输平板车开出汽机房检修间。

回落定子至距离地面约100mm后悬停，人力推动定子旋转90°，确认定子方向与安装方向一致。在定子下满铺道木，回落定子至道木上。确认定子支垫稳固后拆除400t吊钩。

4.3.3 定子吊装就位

抬吊主扁担梁回落至定子上方后将尼龙吊带挂在定子吊攀上。启动桥式起重机主起升机构缓慢提升定子，吊离地面约100mm，悬停10min左右，检查整个起吊机构及定子应无异常现象。缓慢起升和回落2～3次，试验抱闸的可靠性，确认桥式起重机、滑轮组等所有机构无异常后提升定子。定子吊装立面图见图3-8。

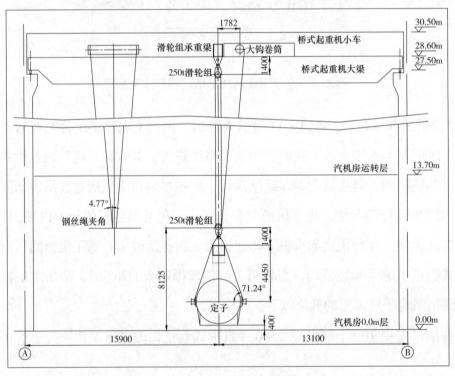

图3-8 发电机定子吊装立面图

平稳操作桥主起升机构，当定子底部超过汽机房13.7m运行平台约200mm后停止起升。行走桥式起重机大车至发电机定子安装位置上方。校核定子纵横中心线与基础上纵横中心线对正后回落定子。当定子在台板上落稳后拆除尼龙吊带，桥式起重机运行至发电机端部平台上方拆除起吊机构。定子就位场景见图3-9。

图3-9　发电机定子就位场景

4.4　此定子吊装方案需关注的问题

此方案能否顺利实施，需重点关注以下三个问题。

4.4.1　桥式起重机主起升机构的动力是否满足需要

每台桥式起重机主钩起升机构的滑轮组钢丝绳采用2组三三走六的穿绕方法。经计算，主钩在起吊100t额定负荷时每根出头钢丝绳的拉力为8.94t。

发电机定子在卸车和转向时整套机构所承受的负荷最大，此时每组滑轮组所承担的负荷为150.7t，钢丝绳采用"花"穿的方法（2组五五走十一穿绕法），每根出头钢丝绳的拉力为8.58t。

起吊定子时起吊滑轮组每根出头钢丝绳的拉力小于桥式起重机主钩起升机构额定负荷（100t）时卷筒钢丝绳的拉力，桥式起重机主钩起升机构钢丝绳卷筒的拉力是满足定子吊装需求的。

4.4.2 桥式起重机主钩钢丝绳卷筒的容绳量是否满足起升高度的需要

由于本方案采用桥式起重机主起升机构作为动力，定子起吊滑轮组走绳的出头端穿绕在桥式起重机主钩钢丝绳卷筒上。卷筒的容绳量能否满足起升高度的需求是本方案是否可行的关键。

桥式起重机主起升机构卷筒直径0.71m，共有152圈钢丝绳槽、双缠绕。为安全起见，起升机构回落到最低位置时卷筒每侧至少剩余3圈钢丝绳，则有效钢丝绳缠绕圈数为152−3×2=146（圈）。定子起吊每套滑轮组的有效分支数为22。定子由汽机房0.0m位置开始起吊至桥式起重机主卷筒缠满钢丝绳为止，能够起升的极限高度为

$$h = (0.71\text{m} \times \pi \times 146)/22 = 14.8\text{m} > 13.7\text{m}$$

因此，桥式起重机主起升机构钢丝绳卷筒容绳量满足定子吊装需求。

4.4.3 桥式起重机大梁的承载能力

当定子卸车及转向时整个系统的重量最重，此时单台桥式起重机大梁承载的负荷为176.73t。

桥式起重机在招标时已要求制造厂商按照吊装定子的要求，每台桥式起重机大梁的承载能力达到180t。因此，桥式起重机大梁的承载能力满足吊装定子的需求。

第5节 桥式起重机+液压提升装置+吊挂扁担系统抬吊发电机定子

使用汽机房桥式起重机主梁承担发电机定子和吊装系统全部重量，桥式起重机大车行走机构运载着吊装系统和发电机定子沿轨道行走，使定子到达就位位置。

使用吊挂式液压提升装置提升载荷。液压提升装置可以绕吊挂轴旋转一定

角度，实现液压提升装置倾斜起吊。借用CC2800履带式起重机的600t吊钩，可实现定子的水平旋转。

此系统可满足300、600（按320t考虑）、1000MW（按450t考虑）主流发电机组发电机定子的吊装。

5.1 吊挂扁担系统结构

5.1.1 吊挂系统结构

吊挂系统布置于桥式起重机大梁上，属于吊挂扁担系统的固定部分。吊挂系统由两部分组成，分别为吊挂梁和支撑梁。吊挂梁为"T"形结构（见图3-10），下端挂液压提升装置，上部的双肩搭在支撑梁上。液压提升装置既可以挂在吊挂梁下端，也可以"座"在吊挂梁上部使用。

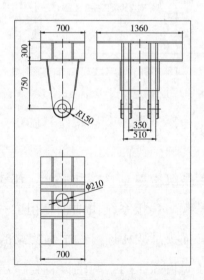

图3-10　吊挂梁结构示意图

支撑梁为一组双梁结构（见图3-11），支撑梁（长约6.6m）两端搭在桥式起重机主梁的小车轨道上，双梁上放置吊挂梁，用以将载荷从吊挂梁传递到桥式起重机主梁。支撑梁主结构为双拼H型钢（HN600 mm×200mm），顶面和底面铺设20mm钢板。

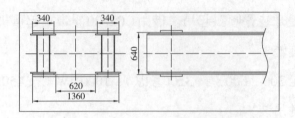

图3-11　支撑梁结构示意图

液压提升装置、吊挂梁、支撑梁组装成的吊挂系统见图3-12。

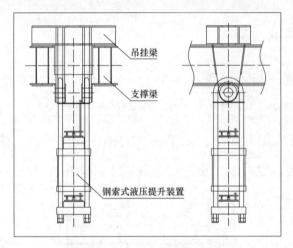

图3-12　吊挂系统组装图

5.1.2 扁担系统结构

扁担系统在整个吊装系统中属垂直移动部分，在液压提升装置的提升力作用下随发电机定子一同升起。扁担系统由两根扁担梁和一根主梁构成，扁担梁两端与液压提升装置的下锚头吊架相连，两根扁担梁的中间部位抬一根主梁。

扁担梁为箱型结构（见图3-13），两端设置与液压提升装置下锚头吊架相连的耳板结构，中间顶部设置球形凹面，用以和主梁配合。扁担梁两端下锚头吊架连接点间距大于常规600MW机组两桥式起重机并车后的吊钩间距，可保证液压提升装置在垂直状态下作业。

主梁也为箱型结构（见图3-14），两端支撑在扁担梁上，中间设置连接耳板，用以悬挂CC2800履带式起重机600t吊钩。

主梁两端的球形凸面与扁担梁中间的凹形球面配合，既保证了接触面积，还可消除扁担梁不水平造成的箱体扭转变形。吊钩与主梁通过销轴连接，可借助吊钩的推力轴承实现定子的360°旋转，如图3-15所示。

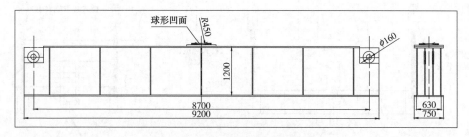

图3-13　扁担梁结构示意图

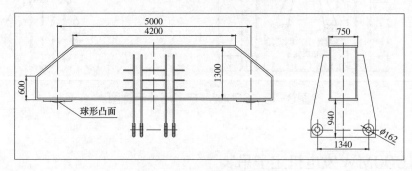

图3-14　主梁结构示意图

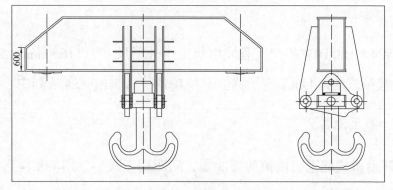

图3-15　主梁与吊钩连接图

5.2　600MW级发电机定子吊装

两台桥式起重机并车后中心间距与扁担梁吊点间距保持相同，这样可保证定子吊装过程中液压提升装置钢索呈垂直状态。每台桥式起重机承担定子加吊装系统重量的一半。吊装系统见图3-16所示。

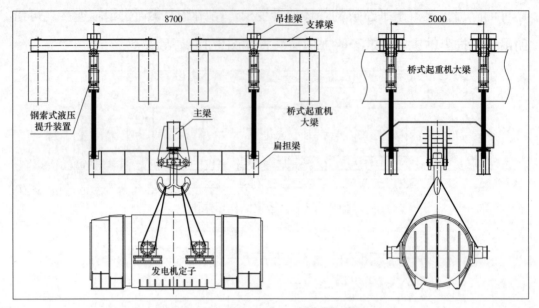

图3-16　600MW定子吊装示意图

5.3　1000MW发电机定子吊装

5.3.1　概述

浙江某4×1000MW机组工程发电机定子外形尺寸为11650mm×5120mm×4300mm，起吊重量为443t。定子就位于17.0m层，纵向中心距A列中心线15.0m。

5.3.2　施工准备

拆除两台桥式起重机内侧的缓冲器，间距调至最小，用4根14号槽钢将两台桥式起重机连接起来。两台桥式起重机连接后，进行双车同步调试并试验。

将过滤清洁的46号液压油1000kg注入液压泵站油箱，加至油位线以上。对4套液压提升装置通电模拟试验，调试合格。

在A列外用250t履带式起重机通过汽机房屋顶预留的吊装天窗将桥式起重机的小车吊出。用250t履带式起重机依次将支撑梁、吊挂梁、组合好的液压提升装置放置于桥式起重机大梁上。4台液压千斤顶穿钢绞线，每台24根，左右捻各半。钢绞线端头穿上穿线帽，按左右捻向相间的顺序从下往上穿。

用50t汽车起重机将扁担梁、主梁、大钩在地面组合完成，挂好一对
ϕ106mm×27m的钢丝绳，等待吊装。

吊装系统见图3-17所示。

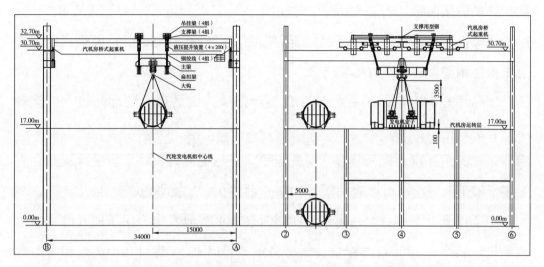

图3-17 1000MW发电机定子吊装正、侧视图

将汽机房内两机间公用通道卸车区域地面垫平、压实，在定子起吊中心位
置做标记。汽机基座17.0m平台验收合格，台板就位并找正完毕。

5.3.3 定子吊装

两台桥式起重机并车及液压提升系统安装完毕后，全液压组合平板车将定
子运输至现场，沿垂直于A列方向倒车从汽机房两机间共用通道进入汽机房内，
使定子中心与发电机就位纵向中心线重合。将定子与运输车、支架之间的连接
解除。挂ϕ106mm×27m的钢丝绳绳套，用一对钢丝绳扣拴钩，共8股受力。

预紧钢绞线：在液压提升装置千斤顶上部，将单根钢绞线用紧线器卡住，
挂在2t倒链上，通过拉力表（测力计）给每根钢绞线施加300kg的预紧力。1台
千斤顶24根钢绞线轮流预紧调整，共预紧3次，使其受力一致。

启动泵站：按要求启动泵站15min，调稳油压，按规程投入运行。

试起吊：将定子提升起千斤顶的半个行程（100mm），停留30min，观察、

测量定子是否下滑，液压元件是否漏油，电动机、液压泵站工作是否正常。起吊过程中监视吊装架构件及桥式起重机大梁有无变形、焊缝有无异常，并用经纬仪跟踪测量桥式起重机大梁的挠度，挠度不得大于说明书中的规定。

检测提升装置：提升定子1个行程，然后下降1个行程，观察开爪电气回路、开爪液压回路、电信号是否正常。

调整油压：试吊时，液压系统压力根据负荷进行调整，并将电接点压力表上限指针调整为额定压力的1.25倍。

试吊汇总：完成试吊后，若存在不合格项，放下定子进行调整，再次试吊，直至合格。

正式起吊：启动提升装置，提升定子。液压提升装置将定子继续提升，直至定子最下缘完全高出运输平板车200mm后停止，运输平板车开走。

定子提升、平移：匀速操作液压提升装置，提升发电机定子使其底部超过汽轮机运转平台200mm时停止。然后将定子转向90°（也可在吊离运输车时即转向），使定子方向与安装方向一致。缓慢行走桥式起重机大车，将定子吊至基础就位位置正上方，再次确认就位方向、中心正确。

定子就位：待定子稳定后，操作液压提升装置进入下降工况。当定子距就位高度约200mm时停止，经全面检查无误后正式就位。

就位后的操作：卸荷后，监测各结构件的变形是否恢复。吊装工作完成后，拆卸液压提升装置及整个吊装系统。

第6节　其他利用桥式起重机＋液压提升装置抬吊发电机定子方案

6.1　2×200t液压提升装置双桥式起重机抬吊定子

当汽机房桥式起重机主梁的承载能力足够，可采用此方法抬吊发电机定子。实施该方案所需器具主要由两件吊挂梁、2×200t液压提升装置、抬吊扁担梁组成。

两件吊挂梁放置于两台桥式起重机的主梁上。2×200t液压提升装置由吊挂梁承担，下部与抬吊扁担梁连接。抬吊扁担梁中部悬挂一可360°旋转的吊钩，吊钩通过钢丝绳吊起定子。整套吊装系统见图3-18所示。

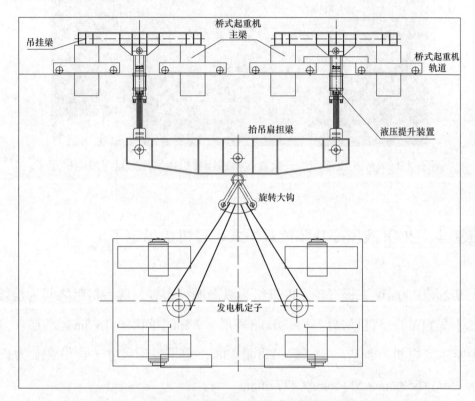

图3-18 2×200t液压提升装置双桥式起重机抬吊定子示意图

6.2 4×200t液压提升装置双桥式起重机抬吊定子（一）

吊装系统见图3-19所示场景。

实施此方案所需的机具与"2×200t液压提升装置双桥式起重机抬吊定子"方案基本相同，所不同的是使用了4套液压提升装置。200t液压提升装置两两一组吊挂于抬吊扁担梁的两端。此种机具配置吊装能力更强，常用于抬吊600MW级发电机定子。

图3-19　4×200t液压提升装置双桥式起重机抬吊600MW发电机定子

6.3　4×200t液压提升装置双桥式起重机抬吊定子（二）

某2×1000MW工程汽轮发电机组为纵向顺列布置，两台机组之间为检修起吊孔（宽11m）。汽机房分三层，0.0m底层、7.5m中间层、15.5m运转层。发电机由哈尔滨电机厂制造。定子起吊重量438t，定子外形尺寸（含吊攀）为长×宽×高=11653mm×5116mm×4772mm。

定子吊装主要机具见表3-4。

表3-4　　　　　　　　　　发电机定子吊装机具一览表

序号	机具名称	数量	重量	备注
1	130t/30t电动双梁桥式起重机	2台	—	大梁满足吊定子要求
2	吊挂梁	4件	4.1t×4	放置在桥式起重机大梁上
3	液压提升装置	4套	1.63t×4	
4	抬吊横梁	2根	9.8t×2	每件由两套液压提升装置吊挂
5	抬吊扁担梁	1根	11.1t	由两件抬吊横梁吊挂
6	尼龙吊装带	2件	0.31t×2	吊挂定子，每根环长22m

　　四件吊挂梁两两一组放置于两台桥式起重机的主梁上。每台桥式起重机主梁上的两件吊挂梁间距12.5m，间距中心正对机组纵向中心线。4×200t液压提升装置悬挂于吊挂梁下，下部与抬吊横梁连接。两根抬吊横梁下挂一根抬吊扁担梁。抬吊扁担梁中部悬挂一可360°旋转的吊钩，吊钩通过两根尼龙吊装带吊起定子。整套吊装系统见图3-20、图3-21。

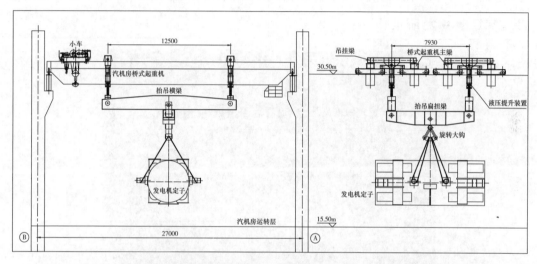

图3-20　4×200t液压提升装置双桥式起重机抬吊1000MW发电机定子示意图

图3-21　4×200t液压提升装置双桥式起重机抬吊1000MW发电机定子场景

6.4 4×200t液压提升装置双桥式起重机抬吊定子（三）

此方案与6.3所叙述的方案基本相同，所不同的是液压提升装置的液压千斤顶倒置于抬吊横梁端头下部。此种配置方案适合于桥式起重机顶部与汽机房屋架距离较小，无法满足液压千斤顶钢绞索向上引出垂直净空要求的情况下使用。此方案见图3-22所示。

图3-22 4×200t液压提升装置双桥式起重机抬吊660MW发电机定子场景

第7节 桥式起重机小车抬吊发电机定子

7.1 四小车抬吊1000MW发电机定子

7.1.1 工程概况

某4×1000MW机组工程发电机由上海电机厂制造。定子起吊重量443t，定子外形尺寸（长×宽×高）为11653mm×5116mm×4772mm，同侧两吊耳间距4746mm。

汽轮发电机组运转层标高17.0m。

7.1.2　吊装机具

发电机定子吊装采用两台桥式起重机四小车（加装两台临时小车）抬吊就位。每台桥式起重机的两只主钩下挂一根扁担梁，两根扁担梁上抬一根吊钩梁。吊钩梁下挂一只600t吊钩，吊钩下挂发电机定子。主要吊装机具见表3-5。

表3-5　　　　　　　　　四小车抬吊定子吊装机具一览表

序号	机具名称	数量	重量	规格
1	130t/25t桥式起重机	2台	—	每台桥式起重机加装1台临时小车
2	临时小车	2台	—	吊钩起重量130t
3	扁担梁	2根	12t×2	$L \times W \times H = 12\text{m} \times 0.7\text{m} \times 1.4\text{m}$
4	吊钩梁	1根	8t	$L \times W \times H = 6\text{m} \times 0.7\text{m} \times 1.4\text{m}$
5	600t吊钩	1只	8.94t	—
6	扁担梁与主钩捆绑钢丝绳	4根	0.23t×4	6×61纤维芯$-\varnothing 80\text{mm}-1770$，$L = 10\text{m}$
7	吊装钢丝绳	2根	0.76t×2	6×61纤维芯$-\varnothing 90\text{mm}-1770$，$L = 26\text{m}$

7.1.3　吊装准备

将临时小车吊装至桥式起重机大梁上。同一桥式起重机上的正式小车与临时小车的主钩在平行于大梁方向上应在同一直线上，且间距为5m。测定4只主钩的起升速度应一致，起吊上限位的高度满足定子起吊高度的需要。

在汽轮发电机组基础上画出定子纵、横中心线。将桥式起重机行驶至基础上方，在桥式起重机上用细线放下线锤，找出桥式起重机的4个主钩于定子就位时在基础上对应的位置。

在汽轮机运行平台上按照组装图的要求，组装扁担梁、吊钩梁、600t吊钩。回落桥式起重机上的4只主钩，将其与对应位置的扁担梁用钢丝绳捆绑在一起。吊装系统组装完成后进行全过程的模拟试验，完成吊装全过程的所有动作，观察桥式起重机及吊具的工作性能满足吊装要求。

吊装系统见图3-23。

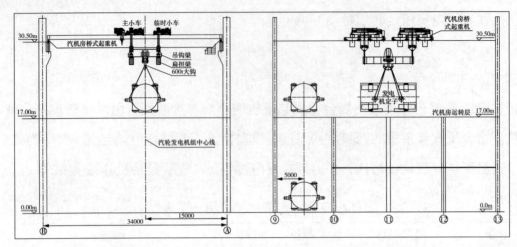

图3-23　4小车吊装1000MW发电机定子正、侧视图

7.1.4　定子吊装

运输定子的大型平板车从汽机房A列外慢速倒车进入汽机房两机间检修间。定子停靠位置应确保定子中心与机组纵向中心线重合，且位于检修间两轴线中间位置。将桥式起重机行驶至定子起吊位置上方，同步回落4只主钩，在定子吊耳与600t吊钩间挂好吊装钢丝绳。

同时起升两台桥式起重机上的4只主钩，将定子提升约200mm，停留5min。对整套起吊机构进行全面检查应无异常。稍许回落主钩并刹车，对主钩抱闸的可靠性进行检验。测量桥式起重机大梁在空载和重载时挠度变化值应在技术要求的范围之内。

重载试验完成后，同步起升桥式起重机上的4只主钩将定子缓缓提升。在定子提升过程中，尽可能保持4只主钩起升速度一致，必要时调整单个主钩高度。当定子底部超过汽轮机运转层一定高度后，停止起升。开动两台桥式起重机的大车向发电机基础方向行驶。当定子行驶到发电机基础上方且定子中心基本对正定子安装横向中心线时停止。

待定子稳定后，利用600t吊钩对定子进行90°转向，确认定子方向与安装方向一致。校对定子纵、横中心线与基础上的中心线重合。稳定住定子，缓慢回落两台桥式起重机上的4只主钩，使定子坐落在台板上。

7.2 四小车抬吊600MW发电机定子

7.2.1 工程概况

某2×600MW扩建工程发电机为哈尔滨电机厂生产的QFSN-600-2YHG型水氢氢冷发电机。发电机定子净重290t，运输重量为300t，外形尺寸（长×宽×高）为10.425m×4.0m×4.277m。

发电机纵向布置在汽机房15.0m运行平台上，其纵向中心距A排15.4m。汽机房内布置两台100t/20t电动双梁桥式起重机，桥式起重机主梁按160t承载能力设计制造，以满足双车抬吊发电机定子的需要。

7.2.2 吊装机具

发电机定子吊装采用两台桥式起重机四小车的方式。在每台桥式起重机大梁上各加装一套临时小车及额定起重量为100t的主钩。每个主钩有独立的起升、控制系统。每台桥式起重机主钩与附加主钩中心距为4300mm，最大起升高度均为26.8m，两台桥式起重机并车后两主钩的中心距为9037mm。

吊装定子用吊具为无缝钢管焊接而成的四方形框架，其结构见图3-24。

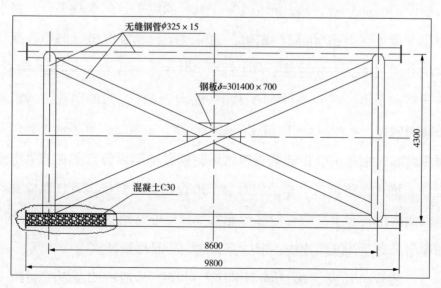

图3-24　4小车抬吊600MW发电机定子吊具

吊装用主要机具见表3-6。

表3-6　　　　　四小车抬吊600MW定子吊装机具一览表

序号	机具名称	数量	重量	规　格
1	100t/20t桥式起重机	2台	—	主钩100t，副钩20t
2	100t临时小车	2台	—	100t吊钩
3	抬吊吊具	1件	5t	长×宽＝9800mm×4650mm
4	钢丝绳（定子与吊具间）	4根	0.33t×4	∅56mm，每根28m
5	钢丝绳（吊具与主钩间）	4根	0.095×4	∅56mm，每根8m
6	卷扬机	2台	—	5t
7	滑轮组	2套	—	3×3-32t
8	钢板	124m²	≈29t	δ30mm

7.2.3　定子转向、吊装准备

将两机间检修间0.0m地面平整、夯实，做好毛地面。清除运输路线上的设备、材料及其他杂物，保证运输通道的畅通。在检修间地面满铺路基板，在路基板上铺设δ30mm钢板，以此形成10m×10m的定子转向承载平台。在承载平台中心位置焊接一个∅100mm的销轴，销轴位于汽轮发电机纵向中心线与检修间纵向中心的交叉点。在承载平台上铺设一块30mm厚、6m×4m的钢板平台，作为定子转向平台。转向平台中心钻出一略大于∅100mm的销孔，与销轴形成定子的转向中心。

将两台临时小车吊上桥式起重机大梁，四台小车以各自的主钩为中心定位并固定好。桥式起重机、小车、临时小车进行相应的机械、电气试验并符合相关要求。两台桥式起重机进行铰接形成整体并保证跨距为9037mm。分别将4个主钩与抬吊吊具用钢丝绳连接，形成完整的定子起吊系统。

进行空载联合试验，确认各个连接点可靠、转动机构及电气系统工作正常，确认4个主钩的起升速度一致，避免定子在抬吊过程中发生偏斜。

7.2.4　定子卸车及转向

运输平板车将定子由检修间大门运进检修场地中间位置并使定子横向中心线与汽轮发电机基础纵向中心线一致。

用两台桥式起重机通过专用吊具吊起定子约100mm，检查整个定子起吊系统各个部分应工作正常，确认无任何异常后将平板车开走。将定子回落在0.0m的转向平台上，定子中心应尽量与转向平台的中心重合。拆除吊具与定子间的钢丝绳。定子卸车时定子吊耳与钢丝绳夹角较大，为防止钢丝绳脱落，在定子各吊点的外侧要加焊挡绳板。见图3-25。

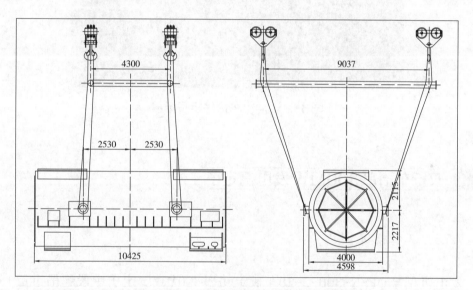

图3-25　4小车抬吊定子卸车示意图

用事先在定子两端对角布置的两台卷扬机及两套滑轮组牵引定子，将定子旋转90°，旋转后应再次确认定子方向与安装方向一致。

7.2.5　定子吊装就位

用并联的2台桥式起重机及整个起吊系统在汽机房内检修间0.0m起吊定子。定子吊离地面后监测定子的水平度及桥式起重机4个主钩的受力情况。定子起升约500mm时悬停，然后回落定子，检查整个定子起吊系统及桥式起重机各个部分是否工作正常。确认无任何异常后，继续起吊定子，见图3-26。

当定子下沿超过15.0m平台200mm后停止起升。同时行走两台桥式起重机大车将定子运至发电机基础位置正上方。缓慢回落4只主钩将定子就位。

图3-26　4小车抬吊定子场景

7.3 双行车抬吊300MW发电机定子

7.3.1　工程概况

发电机型号QFSN-300-2-20，额定功率300MW。定子中段起吊重量188t，定子长7024mm，吊点纵向距离2240mmm，吊点横向距离4360mm。

汽机运转平台高度12.6m。汽机房内布置两台100t/20t电动双梁桥式起重机，两车主钩最小距离9100mm。

7.3.2　吊装机具

定子由两台桥式起重机通过一根抬吊扁担梁抬吊就位。抬吊梁长10.10m，上吊点间距9.71m，下吊点间距9.45m，梁身为箱型结构，自重3.5t。主要吊装机具见表3-7。

表3-7	双小车抬吊300MW定子吊装机具一览表			
序号	机具名称	数量	重量	规格
1	100t/20t桥式起重机	2台	—	起重量：主钩100t，副钩20t
2	抬吊扁担梁	1件	3.5t	长10.10m
3	钢丝绳（定子与抬吊梁间）	4根	0.28t×4	∅56mm，每根24m
4	钢丝绳（抬吊梁与主钩间）	2根	0.011t×2	∅32.5mm，每根30m

7.3.3 定子吊装

吊装过程不再叙述。吊装系统构成见图3-27。

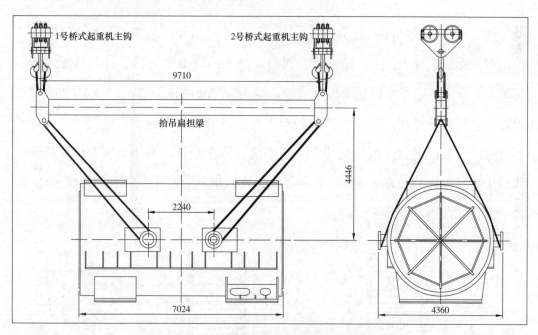

图3-27 双小车抬吊300MW定子示意图

第8节 专用吊装架吊装发电机定子

定子专用吊装架系统由支撑架、移动架、拖运梁、液压提升装置、液压牵引系统、转向盘等组成。移动架上部安装4×200t液压提升装置，定子由移动架吊运沿拖运梁转运至定子安装位置上方。发电机定子吊装前先将定子置于支撑架内部地面，利用液压提升装置提升发电机定子，当定子底面超过汽轮机运转层平台一定高度后，由安装在轨道端部的液压牵引系统沿拖运梁将移动架（带发电机定子）拖运至发电机基础上方。定子中心与基础中心找正后启动液压提升装置回落定子使其就位。

发电机定子吊装系统的布置及工作方式主要取决于现场条件和设备到货时间，大体上可分为三种吊装形式。

8.1 吊装形式一：发电机基础旁吊装发电机定子

在发电机基础端部正对机组纵向中心线的位置组装吊装架（吊装架纵向中心线正对机组纵向中心线）。拖运梁直接与支撑架的轨道梁对接，并延伸至发电机基础上。发电机定子由运输平板车直接运送至支撑架内正下方。启动4×200t液压提升装置提升发电机定子，开走平板车，然后继续同步提升发电机定子。当定子底部超出运转层平台（或拖运梁）一定高度后停止起升。利用液压牵引系统牵引移动架向发电机基础方向移动。当定子到达安装位置后停止平移，回落定子就位。

此种吊装形式见图3-28。

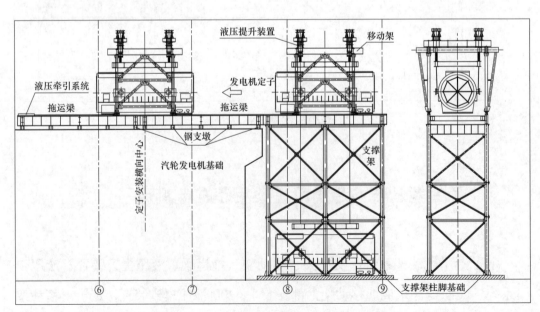

图3-28 发电机基础旁吊装发电机定子示意图

8.2 吊装形式二：从扩建端（固定端）或检修间吊装发电机定子

实际施工中，从汽机房一端跨越运转层大平台上方吊运发电机定子是最常见的方法。采用此方法时，拖运距离较长且需跨越承载力较小的运转层平台，因此拖运梁中间连接处需加临时支撑。

首先在汽机房扩建端（或固定端）外或检修间正对机组纵向中心线位置组装吊装架。拖运梁与支撑架的轨道梁对接，拖运梁经过承载力较小的运转层平台时，在拖运梁下部设临时支撑。临时支撑穿过运转层及中间层平台直接支撑在预先处理好的地面上。临时支撑穿平台位置预先由土建施工单位预留孔洞。

启动 4×200t 液压提升装置提升发电机定子，当定子底部超出运转层平台（或拖运梁）一定高度后停止起升。利用液压牵引系统牵引移动架及定子向发电机基础方向移动。当定子到达安装位置后停止平移，回落定子就位。此种吊装形式见图3-29。

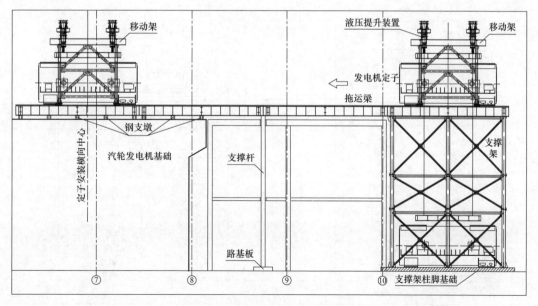

图3-29　从扩建端（固定端）或检修间吊装发电机定子示意图

8.3 吊装形式三：从汽机房A排外吊装发电机定子

在汽机房A排外正对发电机基础横向中心线位置组装定子吊装架。拖运梁一端与支撑架的轨道梁对接，另一端支撑在发电机基础上。发电机基础上布置转向盘，转向盘中心与发电机定子安装纵、横中心点重合。发电机定子由运输平板车直接运送至支撑架内正下方。

启动4×200t液压提升装置提升发电机定子，当定子底部超出拖运梁上表面时停止起升。利用液压牵引系统牵引移动架及定子向发电机基础方向移动。当定子拖运至发电机基础上方，回落定子至转向盘上。用汽机房桥式起重机拆除移动架、拖运小梁。利用转向盘将定子转向90°，此时核对定子方向应与安装方向一致。

用汽机房桥式起重机将移动架跨放安装在发电机定子正上方。重新吊起定子，拆除转向盘，回落定子使其就位在发电机台板上。

此种吊装形式见图3-30。

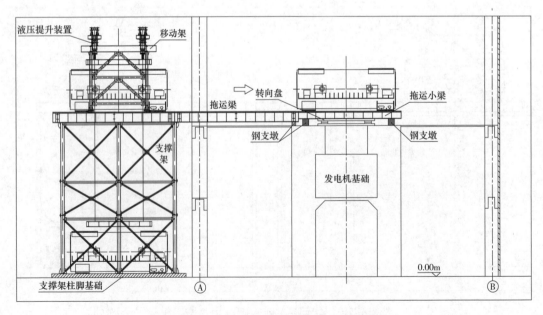

图3-30　从A排外吊装发电机定子示意图

8.4 液压顶升系统吊装发电机定子

液压顶升系统由液压顶升塔（4台）、液压提升装置（4台）、组合吊装梁、轨道四大部分组成。

4台液压提升装置通过组合吊装梁架设在4台液压顶升塔上方，并通过钢绞索与吊钩相连，吊钩下挂发电机定子。4台液压顶升塔布置在两条轨道上方，形成一个整体框架结构。定子由液压提升装置提升超过基础平台高度后，行走液压顶升塔使其运行到基础上方，下降顶升塔使定子就位。

液压顶升塔由液压系统驱动将塔身分节升出，带动其上部的组合吊装梁，起到灵活升降的作用。液压顶升塔下部配有电动机驱动的行走轮，可沿轨道行走将定子由起吊位置运输至就位位置。组合吊装梁中所使用的吊钩通过双向销轴与吊钩梁连接，吊钩可旋转，从而实现定子的旋转作业。轨道梁能满足跨度20m，吊装500t设备的作业要求。

液压顶升系统吊装发电机定子场景见图3-31。

图3-31　液压顶升系统吊装发电机定子场景

第9节 300MW以下容量发电机定子吊装

9.1 汽机房桥式起重机+150t履带式起重机抬吊135MW发电机定子

9.1.1 工程概况

某2×135MW工程汽机房内两台汽轮发电机组采用顺列布置方式。汽机房跨距27.0m，汽轮发电机组纵向中心线距A排10.0m，运转层标高11.5m，桥式起重机轨道轨顶标高21.5m。汽机房内安装1台80t/20t桥式起重机。发电机定子起吊重量152t，外形尺寸（长×宽×高）为6920mm×3960mm×4280mm。

9.1.2 吊装机具

由于汽机房内仅有的1台80t/20t桥式起重机无法单独完成发电机定子吊装就位的任务，为此采取150t履带式起重机与桥式起重机双机抬吊的方式完成定子吊装。吊装所使用的主要机具见表3-8。

表3-8　　　　　　　双车抬吊135MW定子吊装机具一览表

序号	机具名称	数量	重量	规格
1	80t/20t桥式起重机	2台	—	起重量：主钩80t，副钩20t
2	150t履带式起重机	1台	—	最大起重量150t
3	抬吊扁担梁	1件	3.5t	长＝10.10m
4	钢丝绳（定子与抬吊梁间）	4根	0.225t×4	ø52mm，每根24m
5	钢丝绳（抬吊梁与主钩间）	2根	0.09t×2	ø36mm，每根20m

9.1.3 吊装方案简述

对汽机房内定子运输通道、卸车转向区域、150t履带式起重机行走区域内的沟道进行加固（或用碎石回填），履带式起重机行走区域铺设路基板。150t履带式起重机车体开进汽机房然后组装吊臂，然后按照吊装方案设计的行走区域走车、回转，确认预定吊装工作范围内无障碍。150t履带式起重机空钩状态由定子起吊位置至就位位置全过程模拟，以确认方案的可行性。

定子吊装过程见图3-32、图3-33。

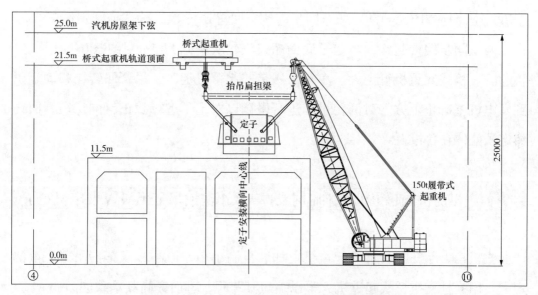

图3-32　135MW发电机定子吊装立面图

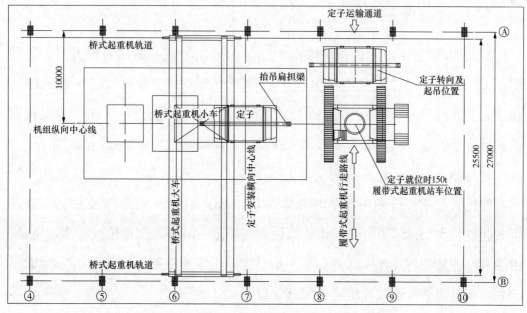

图3-33　135MW发电机定子吊装平面图

定子由 A 排外检修通道运进汽机房，由桥式起重机与履带式起重机双车抬吊（使用抬吊扁担梁）卸车并对定子进行 90° 转向。检查定子方向与安装方向一致且纵向中心线与机组纵向中心线平行。

汽机房桥式起重机与 150t 履带式起重机将定子缓慢吊离地面约 100mm，静止悬停 10min 左右。对桥式起重机、履带式起重机、抬吊扁担梁、钢丝绳、定子进行全面检查应无异常。两车同步起钩、回落 2～3 次，确认抱闸工作正常。

两车同步缓慢起钩，当定子底面超过汽轮机基础 11.5m 层约 300mm 时，停止起升。桥式起重机行走大、小车，履带式起重机走车、吊臂回转，移动定子到发电机基础正上方。对两台吊车进行微调以对定子进行找正，同步缓慢回钩将定子就位在台板上。

9.2 汽机房桥式起重机大梁临时支撑+双小车抬吊 135MW 发电机定子

汽机房 1 台 75t/20t 桥式起重机上加装自制小车与原小车双车抬吊重 134t 的定子。用立柱支撑桥式起重机大梁以缩短其跨距，进而提高其承载能力。

9.2.1 工程概况

某 135MW 机组工程，汽轮发电机组基础采用岛式、纵向布置方式，运转层标高 10.0m。汽轮发电机组纵向中心线距 B 排桥式起重机轨道中心线距离 16.30m。汽机房内安装 1 台 75t/20t 桥式起重机，大车轨道间距 31.5m。发电机定子起吊重量 134t，外形尺寸（长 × 宽 × 高）为 6480mm × 3600mm × 4755mm。

将自制小车安装在桥式起重机大梁的轨道上，和原有桥式起重机的小车并列。将桥式起重机行驶到和发电机基础横向中心重合处，用钢管支撑架支撑住桥式起重机大梁以缩短桥式起重机跨距。吊装定子时桥式起重机大车固定不动，由两台小车（正式小车 + 自制小车）抬吊发电机定子由基础侧面的 0.0m 地面吊起并走车至定子就位位置将定子回落就位。

9.2.2　吊装机具

支撑框架由两根 ø325×10mm 无缝钢管作为立柱分别支撑起桥式起重机大梁，支撑立柱间由 ø108mm 钢管作为斜、平支撑。

自制小车由4个车轮、2根支架梁和1根滑轮组悬挂梁组成。滑轮组悬挂梁横跨在2根支架梁上，4个车轮两两一组放置在桥式起重机小车轨道上。滑轮组悬挂梁正中悬挂一对10×10、100t滑轮组。

自制小车起吊滑轮组的动力由桥式起重机副钩的卷扬机提供。桥式起重机副钩为4轮8股钢丝绳受力，双抽头至副钩钢丝绳滚筒上。起吊滑轮组走绳采用双5×5穿绕方式，双抽头至副钩钢丝绳滚筒上。吊装机构的构成见图3-34。

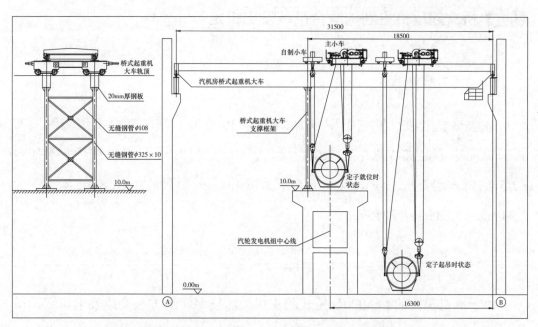

图3-34　桥式起重机大梁临时支撑+自制小车抬吊135MW发电机定子示意图

9.2.3　吊装方案简述

发电机定子由运输车从汽机房A排大门进入汽机房，经过汽轮机基础与B排柱间的通道，使定子横向中心线和发电机基础横向中心线一致、安装方向一致。

桥式起重机主钩和自制小车吊钩同时回落，完成两吊钩与定子间钢丝绳的捆绑。两钩同时起升，平稳将定子吊起约100mm。停止起钩，静置约10min，检查吊装系统各部件应无异常。经检查确认一切正常后，开走运输定子的车辆。

继续平稳起钩，当定子底部高出10.0m平台一定高度后停止起钩。启动桥式起重机的小车，带动自制小车向定子安装位置方向行驶。当定子纵向中心线与基础纵向中心线基本一致时，小车停止行驶。平稳、同速回落两吊钩，当定子与台板基本接触时停止回落。对定子纵、横中心进行复查，当其与基础纵、横中心线偏差在允许范围内时，继续回落两吊钩使定子完全回落在台板上。拆除起吊绳索、机具，定子吊装就位工作完成。

9.3 桥式起重机主副钩联合吊装发电机定子

9.3.1 工程概况

某余热发电项目发电机型号为QF1W-30-2型。汽轮发电机组为纵向布置，纵向中心距离A排中心7.0m，运行平台高度8.0m。汽机房内安装1台32/5t的桥式起重机。发电机定子起吊重量42t，外形尺寸（长×宽×高）为4340mm×2520mm×2815mm。

9.3.2 吊装机具

由于汽机房内的1台32t/5t桥式起重机无法按照常规方法完成发电机定子吊装就位，所以对其副钩系统进行改造，设计制作了一套抬吊用扁担梁、滑轮组悬挂梁来与主钩共同完成定子的抬吊就位。

抬吊扁担一端使用副钩卷扬机作为动力的滑轮组抬吊，另一端使用桥式起重机的主钩抬吊。滑轮组悬挂梁横跨放在桥式起重机的两根主梁上，正中下部悬挂一只4门滑轮。抬吊扁担和滑轮组悬挂梁结构形式见图3-35。

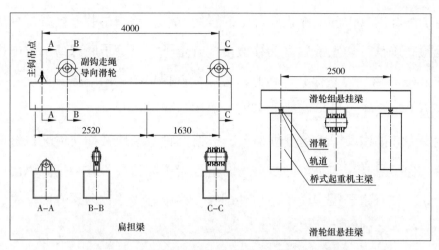

图3-35　抬吊扁担梁和滑轮组悬挂梁示意图

9.3.3　吊装系统组装

用汽车起重机将滑轮组悬挂梁吊装到桥式起重机主梁上。滑轮组悬挂梁垂直于桥式起重机主梁并骑跨于两主梁上。滑轮组悬挂梁与桥式起重机小车轨道间加装滑靴并涂抹润滑脂。滑轮组悬挂梁与桥式起重机小车之间用两根ø108mm×4.5mm无缝钢管焊接连接。在桥式起重机主梁B排处车档上各挂1只链条葫芦，葫芦另一端用钢丝绳固定于滑轮组悬挂梁上，在桥式起重机小车向B排移动时拖拽其同步移动。

将桥式起重机副钩的吊钩、钢丝绳全部拆除。将ø15mm（6×37+FC）钢丝绳一端通过钢丝绳夹固定于桥式起重机副钩卷筒上，另一端通过导向滑轮B-B，以4-4走8方式穿绕于滑轮组悬挂梁与抬吊扁担梁的滑轮组之间。

桥式起重机主钩与抬吊扁担梁上的A-A吊点连接牢固。

在抬吊扁担梁A-A吊点外侧与定子一侧吊耳间以8股受力形式缠绕一根ø21mm（6×37+FC）钢丝绳。距此钢丝绳2520mm（定子吊耳间距）处同样缠绕一根ø21mm钢丝绳，将扁担梁与定子另一侧吊耳连接。吊装系统布置见图3-36。

9.3.4　发电机定子就位

确认钢丝绳拴好，一切准备就绪。缓慢起升桥式起重机主、副钩卷扬机平稳将定子吊起约100mm。停止起升，静置约5min，检查吊装系统各部件应无异常。经检查确认一切正常后，继续缓慢提升定子，当定子底部高出发电机台板顶部约200mm后，停止提升。在此过程中应确保扁担梁两端提升速度一致，即扁担梁应保持水平。

缓慢向B排移动桥式起重机小车，根据滑轮组悬挂梁移动情况拉进两只链条葫芦，保证悬挂梁与小车同步运行，直至定子纵向中心线与基础纵向中心线一致为止。核查定子纵、横中心与基础纵、横中心线一致，缓慢回落主、副钩使定子就位于基础台板上。

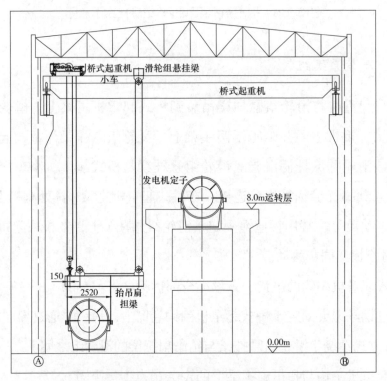

图3-36　桥式起重机主副钩联合吊装发电机定子示意图

9.3.5　此方案实施需进行的校核计算

抬吊扁担梁、滑轮组承载梁受力及结构强度校核。

桥式起重机主梁承载能力校核。分别选取定子起吊时、定子就位时和主钩处于桥式起重机主梁中部时3个关键位置对桥式起重机主梁承载能力进行校核。

定子在起吊位置时桥式起重机靠A排侧大车车轮轮压校核。此时桥式起重机靠A排侧大车车轮轮压应小于设计最大轮压。

桥式起重机副钩卷扬机的容绳量应满足定子起吊高度的需要。

9.4 其他小容量发电机定子吊装方案简介

9.4.1 汽车起重机单车吊装发电机定子

某100MW机组发电机定子重120t，由1台汽车起重机单车吊装就位。吊装场景见图3-37、图3-38。

图3-37 汽车起重机单车吊装120t定子场景一

图3-38 汽车起重机单车吊装120t定子场景二

9.4.2 两台汽车起重机抬吊发电机定子

某135MW发电机定子重95t，由两台汽车起重机抬吊就位。吊装场景见图3-39。

图3-39 两台汽车起重机抬吊发电机定子场景

9.4.3 汽车起重机与汽机房桥式起重机抬吊发电机定子

某135MW发电机定子重95t，由汽车起重机与汽机房桥式起重机共同抬吊就位。吊装场景见图3-40、图3-41。

图3-40 汽车起重机与桥式起重机抬吊定子场景一

图3-41　汽车起重机与桥式起重机抬吊定子场景二

9.4.4　汽车起重机与汽机房桥式起重机抬吊50MW发电机定子就位

某光热发电项目50MW发电机定子，由汽车起重机与汽机房桥式起重机利用抬吊扁担抬吊就位。吊装场景见图3-42。

图3-42　汽车起重机与桥吊抬式起重机定子就位场景

9.4.5 履带式起重机吊装发电机定子就位

某2×150MW机组项目发电机定子由1台250t履带式起重机吊装就位。在汽机房A排外配制、安装一钢结构支撑架（中心正对发电机定子就位横向中心），在支撑架与定子基础间铺设拖运滑道。

第一步，由履带式起重机将定子吊装至A排外的临时支架上（吊装场景见图3-43）；

第二步，利用卷扬机-滑轮组将定子拖运至基础上方；

第三步，用4台千斤顶将定子定起，抽出拖运滑道，回落千斤顶使定子就位在台板上。

图3-43　履带式起重机将定子吊至A排外支架上场景

第4章 辅助设备吊装就位方案

第1节 除氧器吊装就位方案

1.1 除氧器吊装就位方案概况

大型火电机组的除氧器及水箱直径大、长度长、重量重、布置位置高，吊装、就位难度较大。目前选用的吊装方案大多为大型起重机将其吊放至除氧间层预先铺设的拖运轨道上，然后由卷扬机＋滑轮组拖运就位。除氧器及水箱吊装起重机的组合方案有多种：①单台履带式起重机吊装或两台履带式起重机抬吊；②一台履带式起重机与一台汽车起重机抬吊；③锅炉主吊与履带式起重机抬吊；④多台起重机抬吊等。

如除氧间设在汽机房A列外侧（前除氧间布置）且除氧器露天布置于除氧间顶层，则可由大型履带式起重机单车直接将其吊装就位。

1.2 单台履带式起重机吊装、卷扬机拖运就位600MW除氧器

1.2.1 工程概况

某600MW机组工程4号机组除氧器水箱重93.66t，外形尺寸（长×宽×高）为29.0m×3.7m×4.0m；除氧器重32.9t，外形尺寸（长×宽×高）为13.0m×3.2m×4.1m。除氧器及水箱安装于除氧间29.0m层，纵向中心距离B排中心4.0m，横向中心与31轴线重合。除氧水箱中部为固定支座，位于31轴线，两端为滑动支座，位于30、32轴线，支座间距10.0m。

1.2.2 除氧器及水箱吊装方案简述

　　CC2500/450t履带式起重机站位于扩建端，将除氧水箱吊放到除氧间29.0m
层35、34轴线之间，并将除氧水箱放置在拖运轨道的移运器上。用卷扬机-滑
轮组将除氧器水箱向厂房内拖运，水箱横向中心位于33、34轴线中间时停止。
CC2500履带式起重机将除氧器吊放在除氧水箱上方的支座上并将两者固定为一
个整体。继续用卷扬机-滑轮组将除氧器和水箱组合体拖运至就位位置。

　　除氧器及水箱吊装、拖运过程见图4-1、图4-2。

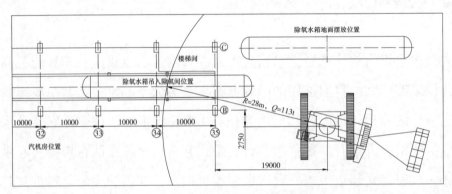

图4-1　除氧器水箱吊装平面图

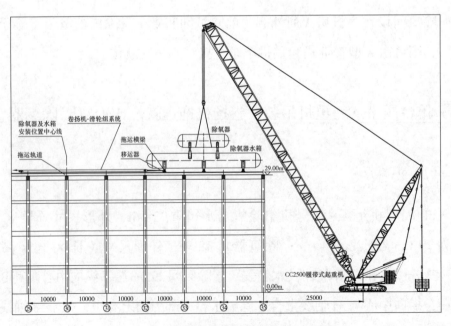

图4-2　除氧器吊装及整体拖运立面图

1.2.3　除氧器及水箱吊装就位方案

1．拖运轨道的配制、铺设

每根拖运轨道长度10.0m，由双拼63c工字钢上铺36a槽钢组合而成。槽钢开口向上，用于放置重物移运器。根据拖运距离拖运轨道共需配制12根。用吊车将配好的轨道吊至除氧间29.0m层，以除氧器安装纵向中心线为基准向两侧各2.0m位置摆放。轨道接头位置（位于除氧间横梁顶部）下铺总厚度50mm厚的钢板。轨道、钢板与厂房结构间应可靠的固定，防止其在受力情况下移位。每跨间两条轨道的端部附近及中部焊接中间支撑杆，以保证两条平行轨道的间距不发生变化。

2．除氧水箱的吊装

CC2500履带式起重机使用72m主臂超起工况。吊装除氧水箱时履带式起重机站位于厂房35轴线外、偏向汽机房位置，中心距离B排中心2.75m、35轴线外19m。履带式起重机工作半径28m、120t超起配重时额定起重量113t。将除氧水箱由地面吊起后履带式起重机向左转杆，当主臂接近B排柱顶时停止转杆，此时除氧水箱中心进入除氧间约7m。缓慢回钩使水箱前、中支座回落在事先放好的移运器和横梁上，后端用枕木支垫稳固。履带式起重机摘钩，将吊点移至水箱后支座外侧重新挂钩。水箱前端由5t卷扬机＋滑轮组拖动，后端履带式起重机配合将其拖运至中心位于35轴线内侧15m的位置。水箱后端支座放在横梁及移运器上，履带式起重机摘钩。

吊钩与除氧水箱间捆绑钢丝绳选用ø56mm、6×37＋1规格，4股受力。

3．除氧器的吊装及与水箱的组合

除氧器吊装时CC2500履带式起重机站位于35轴线外，回转中心正对BC排中心。履带式起重机吊起除氧器直接将其送至与除氧水箱的组合位置，并将其安装在除氧水箱上部使两者成为一体。

吊钩与除氧器间捆绑钢丝绳选用ø39mm、6×37＋1规格，4股受力。

4．除氧器拖运就位

将一台5t卷扬机固定在除氧间29.0m层27轴适宜位置，用一对16t、4门滑轮组穿绕ø17.5mm、6×37+1钢丝绳组成拖拉系统。动滑轮组与除氧器水箱支座间用ø32.5mm钢丝绳4股捆绑。

当除氧器及水箱拖运至就位位置上方时，拆除卷扬机–滑轮组拖拉系统。用4只千斤顶在滑动支座两端将除氧器及水箱顶起，拆除拖运横梁、移运器、拖运轨道，回落千斤顶使除氧器及水箱就位在基础上。在此过程中注意校正水箱的纵横中心、标高与设计值相符。

1.3 600MW机组除氧器双车（汽车起重机）抬吊、卷扬机拖运就位

某660MW机组工程4号机组除氧器长33.64m、直径4.06m、重121t，安装于除氧间32.5m层。采用两台汽车起重机（400、500t各一台）以抬吊的方式将除氧器穿入除氧间并放置于拖运轨道上，然后由卷扬机–滑轮组将其拖运至安装位置就位。施工过程见图4-3～图4-5。

图4-3 除氧器拖运轨道铺设

图4-4　除氧器吊装

图4-5　除氧器就位

1.4 单台履带式起重机吊装1000MW机组除氧器直接就位

某1000MW机组工程除氧间布置于汽机房A列外，主厂房按照除氧间、汽机房、锅炉房的顺序进行布置。除氧间跨度9.5m，柱距及长度与汽机房相同。除氧间分4层，顶层26.00m为除氧层，布置有内置式除氧器和1号高压加热器。除氧器纵向中心线距A0排柱中心线4m，中心标高29.5m。除氧器长度36.964m，直径3.86m，重量147.987t（包括3个支座）。

除氧器到现场后卸车在A0排外约17m，平行于汽机房放置，横向中心正对安装中心。

吊装机械为1台CC2500-1/500t履带式起重机，使用54m主臂、150t超起工况。履带式起重机站位于除氧器本体南侧，回转中心距离除氧器本体中心8m。此时履带式起重机的额定起重量为346t，起吊负荷为157.987t（除氧器本体重147.978t+钢丝绳重量约3t+400t吊钩重7t），负荷率42.8%。

除氧器就位时履带式起重机工作半径24m，额定起重量为184.5t，负荷率85.6%。

吊装场景见图4-6。

图4-6 500t履带式起重机吊装1000MW机组除氧器就位场景

1.5 三车抬吊除氧器

某10001MW机组工程除氧器长35m，直径4.06m，净重151t。吊装机械选用M2250/450t履带式起重机、120t塔式起重机（锅炉主吊车）和260t履带式起重机。吊装时120t塔式起重机和260t履带式起重机通过扁担梁抬吊除氧器前方吊点，M2250履带式起重机的吊点位于除氧器后方。通过3机抬吊的方式将除氧器吊装并穿入炉前40.6m层，然后拖运就位。吊装场景见图4-7。

图4-7　三台吊车抬吊除氧器至炉前除氧器安装层场景

第2节　1000MW机组立式高压加热器吊装就位方案

常规的高压加热器多为卧式，布置于除氧间各层，吊装方法与除氧器类似。近年来，立式高压加热器在1000MW级超超临界机组中已有应用。与常规的卧式高压加热器相比，立式高压加热器的重量、外形尺寸等增加较多，安装位置也由除氧间变更到了汽机房内。立式高压加热器的重量多在200～330t，超出了汽机房单台桥式起重机的起重量；高度在13～16m之间，桥式起重机的起升高度也很难满足要求。由于立式高压加热器的重量、外形尺寸、布置位置的变化，其吊装方案也发生了较大变化，下面就立式高压加热器的吊装方案做简要介绍。

2.1 工程概况

某1000MW机组工程汽机房跨距30m，运转层标高17.0m，高压加热器基础位于0.0m。汽轮发电机组顺列布置，汽轮机机头朝向扩建端。每台机组4台高压加热器单列横向布置在汽机房A、B排间。3号机组高压加热器在31-32轴线间，33-34轴线之间为两机组间吊物检修场。4台高压加热器中1号高压加热器最重，260t，长13.5m；2号高压加热器最高，重250t，长14.7m。

汽机房内布置2台145t桥式起重机，大梁允许承载250t，主钩最大起升高度30.8m。

2.2 立式高压加热器吊装方案之一

在汽机房内采用双桥式起重机抬吊高压加热器并完成翻身竖起，然后沿预留吊装通道吊装至安装位置。

2.2.1 吊装前的准备

高压加热器吊耳的设置：高压加热器的原始设计是在筒体中部设计了两组（4只）管式吊耳。上部两只吊耳与管座在同一剖面上，影响设备翻身。为避免起吊、翻身时钢丝绳对管座施加作用力，在高压加热器顶部增加了两只吊耳。

高压加热器底座标高调整装置安装：立式高压加热器两侧的底座型式不同，一端为固定底座，另一端为安装有滑动装置（滑轮）的滑动底座。滑动装置由于其结构原因无法作为竖立时的转轴。为保证安全及两底座底面标高一致，需制作底座标高调整装置。当设备到达现场后，拆除滑动底座的滑动装置，安

146

装滑动底座标高调整装置。这样使两底座的下平面在同一水平面。

翻身基础的设计浇筑：高压加热器以底座为支撑进行翻身。底座的下平面到底部管座的最大距离接近2m。为使高压加热器在翻身时避免底部的管座受力，在汽机房0.0m地面浇筑了"U"形混凝土基础作为翻身支点。翻身基础参照高压加热器的正式基础设计，满足翻身时高度、稳定性的要求，防止侧向失稳和顺向滑动。基础上表面埋设钢板满足高压加热器翻身时底座与基础间以线接触为主的局部承载要求。

场地及平台结构预留：高压加热器的卸车、翻身在汽机房吊物检修间0.0m地面进行。由于高压加热器翻身竖立后无法越过运转层平台，为此在高压加热器基础与吊物修间之间的一跨（32-33轴线间）预留吊运通道。

汽机房桥式起重机并车：高压加热器的卸车、翻身、就位需两台桥式起重机抬吊完成。两台桥式起重机的主钩分别吊挂抬吊扁担梁的两端吊耳。扁担梁中部的吊钩下挂钢丝绳（或尼龙吊带）。

2.2.2　吊装过程简述

运输高压加热器的车辆开进汽机房吊物检修间0.0m。两台桥式起重机抬吊高压加热器完成卸车并将其吊运至起竖场地。高压加热器支撑底座放置于翻身基础上，另一端用道木堆支垫。高压加热器应支垫平稳并保持水平。

两台桥式起重机抬吊扁担梁将吊点由高压加热器中部转换到顶部的两个吊耳。起升两台桥式起重机的主钩并同步、协调行走小车，以混凝土翻身基础为支点将高压加热器由水平状态逐步翻起至垂直状态。整个过程见图4-8。

高压加热器竖起至垂直状态后，由桥式起重机抬吊着高压加热器至安装基础位置就位。

2.2.3　高压加热器翻身过程中的稳定性控制

高压加热器在翻身过程中，当高压加热器重心与支点的连线垂直于水平面时，高压加热器处于翻身临界状态。

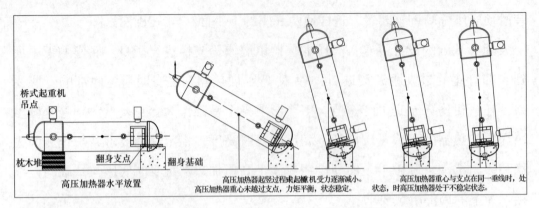

桥式起重机
吊点

枕木堆　　　　翻身支点　　　翻身基础

高压加热器水平放置

高压加热器起竖过程中起重机受力逐渐减小。
高压加热器重心未越过支点，力矩平衡，状态稳定。

高压加热器重心与支点在同一垂线时，处于
状态，时高压加热器处于不稳定状态。

图4-8　高压加热器翻身竖立过程示意图

　　临界状态之前，随着高压加热器逐渐竖起，桥式起重机吊点负荷逐渐减小，支点受力逐渐加大。高压加热器竖起角度越大，力的变化也越快。此时，应保证桥式起重机起升和行走产生的合力朝向翻身方向。翻起过程中应保持吊钩与吊耳保持竖直状态并注意桥式起重机载荷变化。

　　越过临界状态后，桥式起重机载荷会迅速增加，如果控制不当高压加热器可能会离开基础并迅速向反方向移动，产生较大冲击力。因此，预先在基础上方布置楔形枕木（见图4-9），作为第二支点。当高压加热器在越过临界线时底座压在楔形枕木上，减缓冲击力。变换支点，桥式起重机加载，平稳完成翻身竖起作业。

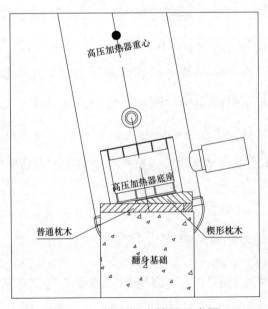

高压加热器重心

高压加热器底座

普通枕木　　　　　　　　　楔形枕木

翻身基础

图4-9　楔形枕木放置示意图

2.3 立式高压加热器吊装方案之二

在汽机房内采用双桥式起重机+液压提升装置抬吊高压加热器，汽机运行平台结构不需预留。首先用"双桥式起重机主钩+液压提升装置"的方法，完成立式高压加热器的阶段性翻身竖起；然后用"双桥式起重机+正式基础"完成翻身（将最后一个就位的高压加热器基础作为翻身基础）；最后由双桥式起重机抬吊就位。

2.3.1 吊装过程简述

在汽机房内吊物检修间完成高压加热器卸车、转动、调整吊耳方位。

用双桥式起重机抬吊扁担梁1吊起高压加热器上部吊耳。在两台桥式起重机大梁上分别布置吊挂梁（可在小车轨道上滑动），吊挂梁与抬吊扁担梁2连接，抬吊扁担梁2上布置两台液压提升装置，钢索下锚头抬吊高压加热器下部吊耳。吊装系统见图4-10。

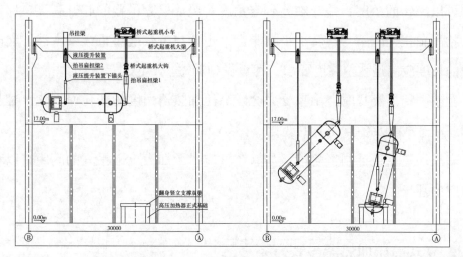

图4-10 双桥式起重机主钩+液压提升装置抬吊立式高压加热器示意图

将高压加热器下降至预先设计的翻身高度，以上部吊耳为回转点，钢索液压提升装置下锚头下降（桥式起重机主钩上升作为调整辅助动作）。移动桥式起重机小车以保持起吊钢丝绳始终处于竖直状态。高压加热器由水平状态趋向直立状态，直至吊挂梁与小车靠近在一起。停止起升与行走小车。

将吊挂梁与桥式起重机小车连接在一起。调整高压加热器位置。

将高压加热器下降至翻身竖立支撑双梁上，注意高压加热器尾部不能与基础相碰撞。按照方案一中的方法完成支点转换，楔形枕木承载后，钢索液压提升装置下锚头摘钩。用两台桥式起重机抬吊完成高压加热器竖立至垂直状态。此过程见图4-10示意。

将液压提升装置、吊挂梁等移到不影响小车行走的位置。两台桥吊抬式起重机高压加热器，调整方向、位置，高压加热器最终就位。

2.3.2　吊装过程中需注意的问题

注意桥式起重机小车和液压提升装置，高压加热器与周边建筑结构，高压加热器与高压加热器之间的距离，防止碰撞。最后一个高压加热器（最短的一个高压加热器）翻身时受两侧已就位高压加热器的影响，空间尤其狭小，应特别注意。

因桥式起重机小车和吊挂梁最终将紧靠在一起，应事先核算高压加热器在空中可以翻转的角度，并与临界翻身角度对照。核算吊钩的起升高度，保证起降时抬吊扁担梁既不与运转层平台干涉，也不与桥式起重机大梁干涉。起吊钢丝绳的长度应满足就位高度要求，尽量做到最短。

在空中抬吊翻身时，吊车受力会随高压加热器角度的变化而变化。翻身全过程应注意载荷及各点受力的变化。

高压加热器设计制造阶段，如有条件应尽量加大上下吊耳的间距，以利于进行空中翻身。

2.4　立式高压加热器吊装方案之三

在汽机房外用一台1000t级履带式起重机为主吊车，一台辅助吊车溜尾的方法将高压加热器翻身竖起，然后用主吊车单车完成吊装就位。这种方法可在汽机房A排外或者厂房端部完成，主要工艺流程为：

处理作业场地使其满足承载和作业条件，布置完成主吊车和辅助吊车站位。高压加热器卸车、调整高压加热器吊耳位置。

试起吊后，两台吊车将高压加热器抬起，主吊车提升，辅助吊车溜尾、递送，直至完成高压加热器竖立。辅助吊车摘钩。主吊车将高压加热器从汽机房顶部（汽机房屋顶对应高压加热器位置需预留）吊装就位。

第3节　凝汽器接颈内低压加热器吊装就位方案

3.1　某660MW机组凝汽器接颈内低压加热器吊装就位

3.1.1　工程概况

主厂房采用钢结构双向支撑-刚接框架结构型式、外除氧间、侧煤仓三列式布置。汽轮机为纵向顺列布置。汽机房跨度29m，除氧间跨度9.5m。8、9号低压加热器分别安装在HP、LP凝汽器接颈内。

3.1.2　凝汽器接颈内低压加热器吊装就位

除氧间土建主体结构安装完成后，将两台低压加热器寄存在除氧间中间层对应的位置。寄存由站位于A0排外的两台汽车起重机完成。寄存前预先在除氧间中间层摆放两组（每组两条）拖运滑道，每条拖运滑道由两根30号工字钢并列焊接而成。在低压加热器支腿与拖运滑道间放置移运器。见图4-11。

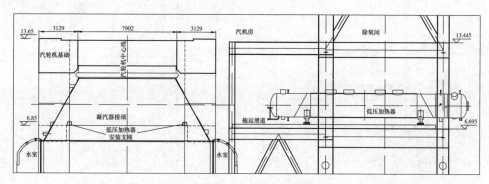

图4-11　8、9号低压加热器寄存于除氧间中间层示意图

　　凝汽器壳体组合完成、接颈下半部分组合完成，低压加热器支座安装到位后即可进行8、9号低压加热器的穿装工作。将拖运滑道向凝汽器侧接长至接颈端板。用2台5t倒链拖动低压加热器向凝汽器接颈内移动，当低压加热器前支腿接近滑道端部时停止。汽机房桥式起重机主钩吊起低压加热器前端，拉动2台5t倒链拖动低压加热器与桥式起重机配合使低压加热器向凝汽器内移动。当低压加热器前支腿到达接颈内第一个支座时桥式起重机回钩使前支腿回落在支座上，见图4-12。

　　桥式起重机吊钩缓钩后继续吊起低压加热器的前端与2台倒链配合继续将低压加热器穿入。将低压加热器的前端临时支撑在接颈内靠B排的支座上。低压加热器后支腿此时位于拖运滑道的端部，见图4-13。

　　桥式起重机的主、副钩分别吊挂在低压加热器重心的两侧，将低压加热器吊装至安装位置，见图4-14。此阶段应注意主、副钩吊点应位于低压加热器重心的两侧对称位置，吊装过程应控制好低压加热器的平衡。

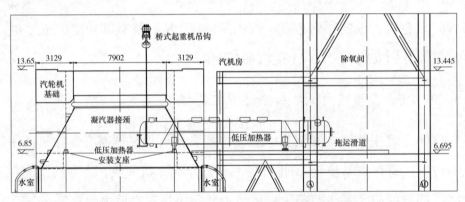

图4-12　8、9号低压加热器吊装过程示意图一

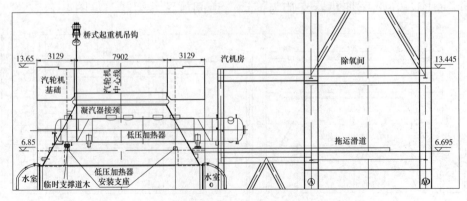

图4-13　8、9号低压加热器吊装过程示意图二

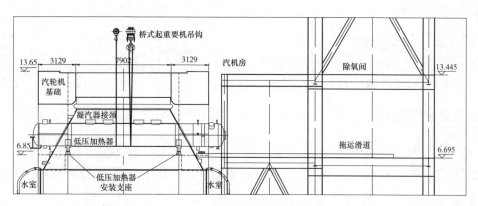

图4-14 8、9号低压加热器吊装过程示意图三

3.2 低压缸基础上铺设拖运滑道穿装凝汽器内低压加热器

3.2.1 低压缸基础上拖运滑道布置

在凝汽器上方的低压缸基础上，沿低压加热器安装纵向中心线两侧各布置一根主钢梁作为拖运滑道。钢梁的顶面铺设槽钢（开口朝上），在槽钢中放置重物移运器。两重物移运器上横放一根吊挂梁，三者连为一个整体。吊挂梁中心两侧悬挂两台20t手拉葫芦用于吊挂低压加热器。吊挂梁的移动依靠沿拖运滑道布置的两台5t手拉葫芦。拖运滑道及吊挂梁布置见图4-15。

图4-15 低压缸基础上拖运滑道及吊挂梁布置场景

3.2.2　吊装机械和器具

150t汽车起重机、50t汽车起重机各1台，站位于汽机房A排外，负责将低压加热器穿进汽机房。汽机房桥式起重机负责在汽机房内的相关吊装工作。

A排与凝汽器之间汽机房中间层平台上铺设拖运滑道、5t手拉葫芦2台。低压加热器穿进汽机房内后搁置于此拖运滑道上并由2台5t手拉葫芦将其向凝汽器接颈内穿进。

20t手拉葫芦2台、5t手拉葫芦2台，低压加热器穿进凝汽器接颈内后的吊挂及水平移位。

3.2.3　吊装过程简述

150t汽车起重机在A排外低压加热器纵轴线一侧站车，吊起低压加热器向A排方向转杆将其前端穿进汽机房内，直到臂杆头部接近A排墙。用50t汽车起重机接钩，吊点在低压加热器后端。150t汽车起重机缓慢回钩，低压加热器前端回落在A排与凝汽器间中间层平台的拖运滑道2上。150t汽车起重机继续回钩直至空载并脱钩，此时低压加热器的重量由A排内的滑道和50t汽车起重机承载。

150t汽车起重机将吊点移至50t汽车起重机吊点旁，50t汽车起重机慢慢回钩，脱钩后退车。150t汽车起重机吊着低压加热器后端与汽机房内的2台5t手拉葫芦配合将低压加热器沿拖运滑道2送入汽机房内。当低压加热器后端的支腿回落在拖运滑道2上后，150t汽车起重机回钩、摘钩。继续由2台5t手拉葫芦将低压加热器向凝汽器接颈内拖动。当低压加热器前端进入凝汽器接颈内一定距离后由吊挂梁上悬挂的2台20t手拉葫芦吊起低压加热器前端。

低压加热器拖运至中间位置时示意图见图4-16。

低压加热器前端由2台20t手拉葫芦吊挂，后端由拖运滑道2支撑。拉动水平布置的手拉葫芦将低压加热器向B排侧拖动。低压加热器在拖动过程中可在安装支座上放置道木临时支撑在低压加热器筒体上，转换2台20t手拉葫芦吊挂点。继续拖动低压加热器向B排方向移动，当低压加热器重心进入凝汽器接颈

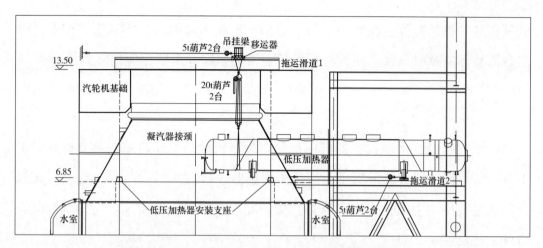

图4-16　低压加热器拖运至中间位置时示意图

内一定距离后停止。回落汽机房桥式起重机主钩，用两根钢丝绳兜在低压加热器重心两侧吊起低压加热器，拆除2台20t手拉葫芦。桥式起重机单独吊起低压加热器至安装位置将其就位。

3.3 斜穿法吊装凝汽器内低压加热器

使用汽机房桥式起重机主、副钩配合将凝汽器内低压加热器从低压缸基础上部（此时低压缸尚未就位）穿入凝汽器接颈内。穿装过程中低压加热器需倾斜一定角度。桥式起重机主钩吊点在低压加热器重心偏向A排1m左右，副钩吊点在低压加热器重心偏向B排2~3m处。

此方法是否可行取决于低压加热器长度、重量，低压缸基础、凝汽器接颈开口尺寸，汽机房桥式起重机主、副钩起吊能力等因素。

3.3.1 试吊

桥式起重机水平吊起低压加热器离开汽轮机运转平台约200mm，检查钢丝绳、吊点受力情况，确认无误后拆除低压加热器的临时支座。继续起钩，在此过程中调整主、副钩的高差（副钩高于主钩），使低压加热器倾斜约30°。检查钢丝绳及低压加热器受力情况，静止2~3min后缓慢回落副钩，保持平衡并降

155

低低压加热器的高度。在倾斜试吊过程中，监视钢丝绳的捆绑状态，如钢丝绳出现滑动，应及时调整。回钩分析钢丝绳滑动原因并采取相应措施重新捆绑。

3.3.2　正式吊装

桥式起重机将水平状态的低压加热器吊至汽轮机低压缸基础靠B排纵梁正上方。缓慢回落桥式起重机主钩使低压加热器倾斜约30°后静止3~5min。倾斜及静止过程中均全面检查吊索吊具受力情况，有钢丝绳滑动等任何异常情况均应停止并处理。

倾斜完成后平移低压加热器使主钩端距离低缸基础内侧垂直面水平距离约500mm。回落副钩使低压加热器距离低缸基础顶面约500mm。回落主钩，使低压加热器再次倾斜约30°。吊装场景见图4-17。

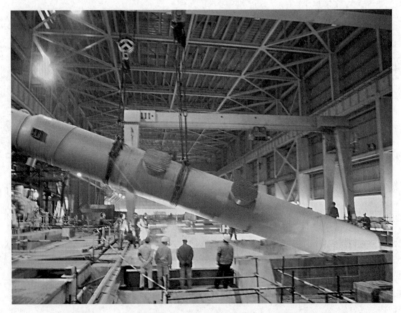

图4-17　斜穿法吊装凝汽器内低压加热器场景

继续通过平移，交替回落主、副钩使低压加热器穿入凝汽器接颈内。当副钩起吊端进入接颈上沿后，逐步调整低压加热器使其处于水平状态。

低压加热器完全水平后，按照图纸要求将其就位在接颈内的正式支座上（或接颈的侧板上）。就位时利用桥式起重机对低压加热器进行找正。

第4节　凝汽器整体吊装就位方案

大容量机组的凝汽器组合、就位方案主要分为两种，一种是在基础外将本体部分组合然后拖运就位的方案，另一种是在基础上组合方案。

4.1 凝汽器模块化安装方案

4.1.1 设备概况

某核电工程建设2台AP1000核电机组。常规岛采用单轴、四缸、六排汽凝汽式汽轮机。凝汽器为单背压、单流程、表面式、三壳体结构。

凝汽器采用模块化方式供货，每台凝汽器共分为10个模块，主要有上部膨胀节模块1块、接颈模块3块、本体模块2块和水室4模块块，总重量约620t。重量和体积较大的本体模块，单件尺寸为18m×5.077m×7.91m，重量220t，加上吊装框架后的吊装重量达260t。凝汽器模块的分块如图4-18所示。各模块运抵电厂后，在基础上进行拼装。

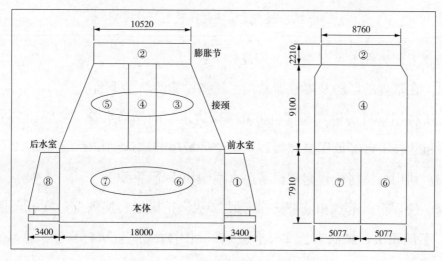

图4-18　凝汽器模块的分块示意图

凝汽器重量大、尺寸长、安装位置低，底座标高为−13.32m，膨胀节顶标高为+5.9m，本体布置在−5.41m标高以下。由于整体布置位置较低，导致设备就位空间有限，设备吊装入位的难度也相应增加。

4.1.2　模块化安装工艺

根据凝汽器模块参数，使用LR1750/750t履带式起重机站位于汽机房外与汽机房内的桥式起重机共同完成吊装组合。为避免本体模块直接受力产生变形，制造厂制作了专用的上、下吊装框架。凝汽器模块化安装工艺流程如图4-19所示。

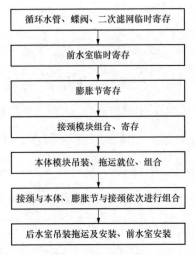

图4-19　凝汽器模块化安装工艺流程图

安装工艺流程（见图4-20）简述如下：

（1）在常规岛厂房及凝汽器基础区域搭设拖运轨道平台。

（2）利用汽机房桥式起重机将凝汽器进水侧的循环水管、蝶阀和二次滤网从汽轮机运转平台经低压缸和凝汽器就位区域吊装拖运到位。

（3）利用汽机房桥式起重机将前水室模块①寄存到位。

（4）使用桥式起重机将膨胀节模块②从汽轮机运转层斜穿后搁置至拖运轨道上。在汽轮机运转层布置2根承载梁，利用桥式起重机将膨胀节模块吊起，用手拉葫芦或钢丝绳将其悬挂在承载梁上。

（5）利用LR1750/750t履带式起重机把接颈的3个模块③④⑤依次吊至事先搁置在拖运轨道上的拖运支架上。拖运支架搁置在放置于拖运轨道上的6只重物移运器上。在拖运支架上将其拼装成1个整体的接颈模块。将拼装完成的接颈模块沿拖运轨道拖运至就位位置下方，利用桥式起重机将模块吊起，用手拉葫芦或钢丝绳将其悬挂在承载梁上。

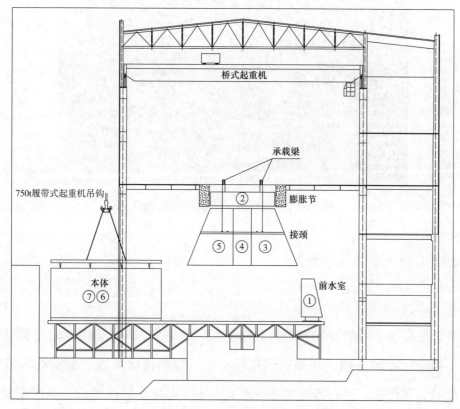

图4-20　凝汽器模块吊装示意图

（6）利用LR1750/750t履带式起重机将本体模块⑥⑦吊至事先放置在拖运轨道上的重物移运器上（见图4-21），拖运到就位位置上方。在凝汽器就位位置下方制造厂设计的加固点处利用千斤顶将本体模块顶起，将下部托架割除。移开重物移运器，拆除拖运轨道。拆除完成后将本体模块下降（用千斤顶调节）至就位位置。

（7）拼装2个本体模块，完成后把悬挂的接颈模块放下搁置到凝汽器本体模块上进行拼装，然后依同样方法将膨胀节模块组合到接颈模块上。将后水室模块⑧与凝汽器本体拼装。

（8）依靠拖运轨道将前水室拖运到位并将其与本体拼装。

图4-21　凝汽器本体模块吊装场景

4.1.3　模块拖运就位措施

1.拖运轨道系统

常规岛厂房TA轴外侧的区域，土建施工阶段缓建墙体和楼板，为模块预留吊装、拖运、就位空间。在该区域搭设坚实可靠的拖运装置，是凝汽器模块拖运到位的必要保证。每台凝汽器本体模块按照1对拖运轨道考虑，同时配置8台重物移运器。采用3组8.13m高长支撑柱、4组5.23m高中长支撑柱、8组2.07m高短支撑柱、15组连接梁、4组轨道梁以及若干角钢双拼的斜撑，共同构成轨道支撑系统。

拖运平台支撑柱及连接梁采用HW300的H型钢（300mm×300mm×10mm×15mm）制作，支撑柱与横梁采用板式连接，并用大六角高强螺栓固定，斜撑采用角钢双拼。轨道梁采用HN700×300的H型钢（700mm×300mm×13mm×24mm），其上放置28号槽钢（开口向上）做轨道。每根支柱的柱底用4个M16的膨胀螺栓固定，并且2组轨道梁的中间立柱之间采用钢板焊接连接，以加强整体稳固性。

2. 本体模块就位

凝汽器本体模块拖运到支墩上方就位位置以后，需要拆除模块下部吊架和拖运轨道。采用千斤顶向上顶起，以便于拆除下吊架和轨道机构，然后再将本体模块慢慢回放到支墩上就位。由于拆除了下吊架以后，凝汽器本体模块相对薄弱，因此厂家预先设计了8对顶升持力点。根据模块的结构特点和厂家设计，现场需使用16台千斤顶，每8台为1组，进行交替顶升和下降操作。为此，现场需制作8对（16个台座）顶撑机构，在顶撑上分别放置千斤顶进行升降操作。

顶撑机构的支柱采用HW300的H型钢双拼制作。钢支撑柱底焊接30mm厚、700mm×700mm的钢板，以增大受力面积和提高稳定性，并用膨胀螺栓固定。柱顶焊30mm厚、340mm×700mm钢板。同时，每组2根支柱焊连在一起，每相邻2组支柱用槽钢三角连接，靠支墩侧采用钢架撑牢，支墩外侧采用槽钢斜撑，斜撑之间用扫地杆连接。凝汽器本体模块就位顶撑机构如图4-22所示。

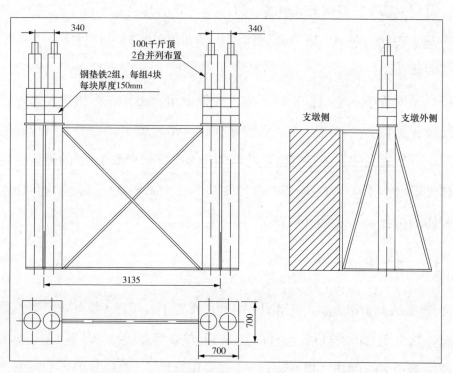

图4-22　凝汽器本体模块就位顶撑机构示意图

千斤顶分成2组交替顶升或下降，并尽量保证每组千斤顶的同步性。同时，在2组千斤顶交替顶升或下降本体模块过程中，基础支墩上应垫道木或厚木板，以确保即使有意外情况发生仍可控制，提高作业的安全系数。

本体模块在最终就位前，也即最后1个下降行程的末尾，需要对就位精度（纵、横中心）进行平移微调。沿本体模块的宽度方向，采用扁千斤顶和辅助工具完成调整；沿本体模块的长度方向，通过在轨道梁上设持力点利用千斤顶推进的方式进行调整。

4.2 凝汽器拖运、吊装就位方案

4.2.1 设备概况

某1000MW机组工程选用N-54800型双背压、双壳体、单流程、表面式凝汽器，由凝汽器A和凝汽器B组成。每一凝汽器由其底部支撑于混凝土基础上。由于受运输条件的限制，凝汽器壳体、接颈和附件等以散件供货，在施工现场组合、安装。

凝汽器安装于汽轮机低压缸下方，壳体的组合工作在汽机房A排外正对安装轴线位置进行。壳体组合完成后整体拖运、吊装就位。为便于组合后的壳体拖运就位，暂缓封闭A排对应位置的墙体，A排、A1排8.6m层的横梁。组合后的壳体外形尺寸（长×宽×高）为13.737m×8.55m×7.695m，重量约264t。凝汽器壳体的组合、就位见图4-23。

4.2.2 施工机械

50t履带式起重机1台，使用31m主臂，布置于汽机房A排外进行凝汽器的壳体组合。汽机房130t/35t桥式起重机。GYT-200D型液压提升装置1套，包括4台额定起重量为200t的液压提升装置、2台液压泵站、1台控制柜。凝汽器水平拖运由1台10t卷扬机和1套30t（2×2）滑轮组提供牵引力。4台120t重物移运器。

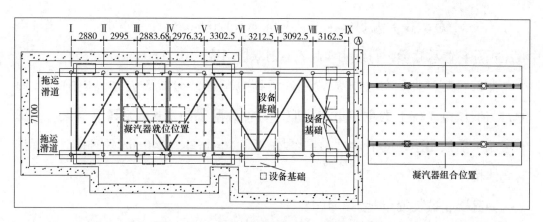

图4-23　凝汽器壳体组合、就位平面图

4.2.3　凝汽器拖运滑道布置

拖运滑道两条，间距7.1m，由H型钢制作。采用18根ø325mm×8mm无缝钢管做立柱，16号工字钢、16号槽钢做斜支撑及水平支撑。拖运滑道的平面布置见图4-23，支柱的结构形式见图4-24。

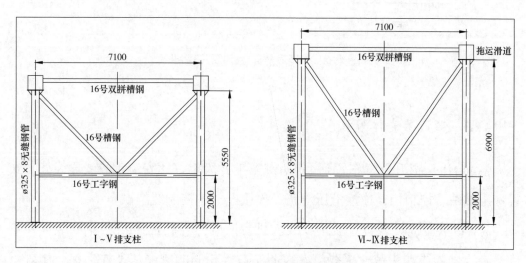

图4-24　拖运滑道支柱断面图

4.2.4　凝汽器起吊装置布置

在汽轮机运转层低压缸基础上布置4根（2根一组）主承重梁，每根梁外形尺寸（长×宽×高）为11000mm×560mm×1200mm。在主承重梁上布置4组液压提升装置承载梁，每组由40b工字钢双拼组成，长1860mm。

在每台凝汽器壳体上方放置两件负荷分配梁，分置于壳体纵向中心线两侧，与低压缸基础上的主承重梁对应。每件分配梁向上通过2只下锚头与上部的液压千斤顶相连，向下通过4组8根吊板（16mm厚、240mm宽钢板）与凝汽器壳体相连。

凝汽器起吊装置布置见图4-25。

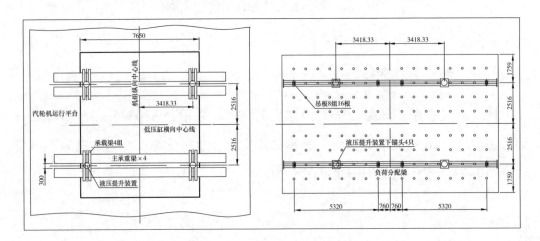

图4-25 凝汽器起吊装置布置图

4.2.5 凝汽器壳体吊装

将4台液压提升装置布置到4组承载梁上并固定好，安装钢绞线导线架。布置液压泵站、控制柜，连接液压管路，连接电气、控制线缆。

为4台液压提升装置穿装钢绞线。每台液压提升装置穿12根钢绞线，左右捻各半。钢绞线端头戴上穿线帽，按照左右捻相间的顺序从下往上穿。做好下锚头，预紧钢绞线。

操作液压提升装置提升半个行程（约100mm），停留30min。观察凝汽器壳体是否下滑，液压元件是否漏油，液压泵站、电气控制系统是否工作正常。检查吊装结构系统、凝汽器壳体是否有异常变形。提升液压提升装置1个行程，然后下降1个行程，观察各部件是否工作正常。

试吊工作完成，确认一切正常后，进行正式吊装。提升凝汽器约500mm高度后停止，抽出凝汽器壳体下方的滑道。回落凝汽器壳体、找正就位。

第5节　滑移拖架法吊装直流锅炉启动系统贮水罐

超临界参数锅炉启动系统的贮水罐是锅炉汽水系统中长度、重量均较大的部件之一。贮水罐的吊装就位方式一般有：①在钢架吊装阶段即将其以垂直状态寄存到安装位置附近的地面，钢架达到承载条件后再将其提升至正式安装位置就位；②钢架达到承载条件后由锅炉主吊车将其从炉顶自上而下吊装就位；③如锅炉主吊车起吊能力、高度不满足吊装需要或贮水罐到场较晚则应采取其他方法吊装就位。

5.1　工程概况

某2×1000MW机组工程，锅炉为超超临界参数、对冲燃烧方式、单炉膛、一次中间再热、露天布置、全钢构架、全悬吊结构Π型锅炉。贮水罐外径1104mm，长度24.12m，重量73.56t。贮水罐安装在K0、K1排和G5、G6轴线之间，前后位于K0、K1排中间，右距离G6轴线4.0m。贮水罐上部进水管中心标高61.6m。

5.2　吊装机械

锅炉主吊车为FZQ2400/100t附着式动臂塔式起重机、250t履带式起重机，两台吊车负责贮水罐的卸车。

16t卷扬机1台，10×10、100t滑轮组1套，用于贮水罐的起竖及起吊就位。

5t卷扬机1台，2×2、20t滑轮组1套，用于贮水罐的水平拖运。

拖运滑道：由多根36号槽钢开口向上铺设的双滑道，间距2160mm。两滑道之间间隔一定距离横向焊接20号槽钢。

水平拖运滑车：由2台重物移运器及自制的型钢框架组成，支撑于贮水罐的上端部。水平拖运滑车的结构见图4-26。

拖运起竖滑车：由4台重物移运器及自制的型钢框架组成，支撑于贮水罐的下端部。型钢框架由底座和可旋转的上部框架组成。水平拖运、起竖滑车结构见图4-27。

图4-26　水平拖运滑车工作场景　　　图4-27　拖运起竖滑车工作场景

5.3 贮水罐的拖运、起竖、吊装就位过程简述

在锅炉钢架K0、K1排间0.0m地面铺设拖运滑道，滑道中心位于K0、K1排中间，长度约70m。滑道用36号槽钢开口向上铺设。将配制好的水平拖运滑车（位于钢架外侧）、拖运起竖滑车（位于钢架内侧）放置于拖运滑道上。

用100t塔式起重机、250t履带式起重机抬吊将锅炉贮水罐由运输平板车上卸下放置于两台滑车上，并固定好。贮水罐下端朝向锅炉内侧，上端朝向锅炉外侧。

启动5t卷扬机和20t滑轮组组成的水平牵引系统，将贮水罐水平拖运进钢架内。贮水罐上端部吊点与安装位置的垂线相重合时停止拖运。重新穿绕5t卷扬机+20t滑轮组的钢丝绳，使其拖动拖运起竖滑车的拉力由向锅炉内侧改为向锅炉外侧。

回落100t滑轮组并用钢丝绳与贮水罐上端部吊点捆绑好。启动16t卷扬机将贮水罐上端部吊起，5t卷扬机配合拖动拖运起竖滑车向锅炉外侧运动。两套卷扬机滑轮组互相配合逐步将贮水罐由水平状态竖起至垂直状态。

继续起升100t滑轮组将贮水罐起吊至安装高度，找正、就位。

锅炉贮水罐拖运、吊装就位过程见图4-28。

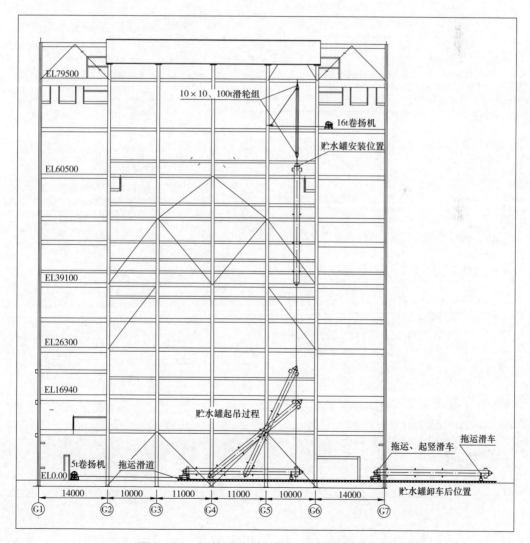

图4-28　锅炉贮水罐拖运、吊装过程示意图